Hoch – Heimische Insekten

In memoriam
Ekkehard Wachmann (1937 – 2023)

Denn von allem, was war und ist, stirbt nichts.
Wohl zerstieben die Elemente,
doch bildet sich daraus
die verwandelte Form in tausendfacher Gestalt.

Euripides

Hannelore Hoch

Heimische Insekten ganz nah

111 häufige Arten in Haus und Garten

Quelle & Meyer Verlag Wiebelsheim

Die Angaben in diesem Buch sind von der Autorin und dem Verlag sorgfältig erwogen und geprüft, dennoch kann keine Garantie übernommen werden. Eine Haftung der Autorin und des Verlags und seiner Beauftragten für Personen-, Sach- und Vermögensschäden ist ausgeschlossen.

Bibliografische Information der Deutschen Nationalbibliothek
Die Deutsche Nationalbibliothek verzeichnet diese Publikation in der Deutschen Nationalbibliografie; detaillierte bibliografische Daten sind im Internet über http://dnb.d-nb.de abrufbar.

www.quelle-meyer.de

Umschlagabbildungen: U1: Gernot Kunz, U4: JPS (oben), MF Photo (unten) (Adobe.Stock.com)
Druck und Verarbeitung: Read Me Printing House, Warsaw
Satz: Fabian Kaschinski (Quelle & Meyer Verlag GmbH & Co.)
Printed in Europe/Imprimé en Europe
ISBN 978-3-494-01980-2

Inhaltsverzeichnis

Vorwort

Liebe Leserin, lieber Leser,

Insekten werden in unserer Gesellschaft oft gar nicht wahrgenommen. Bedingt durch die Tatsache, dass sie sehr viel kleiner sind als beispielsweise Säugetiere, Amphibien oder Vögel, werden sie häufig übersehen. Auch fällt die Schönheit besonders der kleineren Arten nicht auf den ersten Blick auf. Werden z. B. Schmetterlinge noch gemeinhin als schön und Hummeln als sympathisch empfunden, so löst der Anblick von Käfern, Wanzen oder Fliegen bei vielen Menschen Ekel oder gar Angst aus. Jedoch offenbaren selbst diese Arten unter dem Vergrößerungsglas häufig eine ungeahnte Schönheit: elegante Strukturen, schillernde Farben, bizarre Körperformen. In diesem Buch werden Sie einiges davon entdecken!

Leider existieren immer noch viele Mythen zur Biologie der Insekten. Eine Wanze wird schnell als Bedrohung wahrgenommen, obwohl nur einige wenige Arten dem Menschen gefährlich werden können. So hat eine einzige Art, die winzige Bettwanze *Cimex lectularius* als blutsaugender Parasit an Säugetieren und Vögeln, die ganze artenreiche Gruppe der Wanzen, die mehr als 1.000 Arten allein in Deutschland umfasst, zu Unrecht in Verruf gebracht: Die Mehrheit aller Wanzen- Arten sind harmlose Pflanzensaftsauger. Gut, einige Stinkwanzen machen ihrem Namen alle Ehre und produzieren übelriechende Wehrsekrete, aber andere, wie die inzwischen seit 15 Jahren in Deutschland heimische Nordamerikanische Zapfenwanze *Leptoglossus occidentalis*, duften appetitlich nach Zitrone und grüner Banane.

Auch hilft es nichts, an Sommerabenden das Licht im Schlafzimmer auszuschalten, um das Eindringen von lästigen Stechmücken zu verhindern, da diese durch unsere Ausdünstungen – und nicht etwa durch Licht – angelockt werden.

Schon diese wenigen Beispiele zeigen, dass nur eine bessere Kenntnis der Insekten dazu beitragen kann, Ängste und Missverständnisse abzubauen.

Vor einigen Jahren wurde das Interesse einer breiteren Öffentlichkeit an Insekten durch Meldungen geweckt, die auf ein schleichendes Insektensterben ungeahnten Ausmaßes hinwiesen, mit dem wir heute auch in Deutschland konfrontiert werden. Sowohl einzelne Arten verschwinden, als auch die Biomasse der Insekten nimmt insgesamt drastisch ab. Gründe dafür sind v. a. der Verlust von Lebensräumen, bedingt durch intensivierte Landwirtschaft, Überdüngung, Umweltverschmutzung und Klimawandel, aber auch durch das Verschwinden kleinräumiger Biotope, wie z. B. artenreiche Gärten, u. a. durch Versiegelung (Bebauung) und deren Verwandlung in lebensfeindliche Steinwüsten (Schottergärten). Ein Schutz unserer heimischen Insekten ist daher mehr denn je geboten.

Da man aber nur das richtig schützen kann, was man auch kennt und versteht, ist das Ihnen vorliegende Buch „Heimische Insekten ganz nah" eine wunderbare Einführung in die Thematik. Es wendet sich vornehmlich an interessierte Laien, die einen ersten Eindruck von der immensen Vielfalt unserer heimischen Insekten, die immerhin mehr als 30.000 Arten umfassen, gewinnen möchten.

Da Sachkenntnis stets der Schlüssel für Veränderungen ist, verbinde ich mit dem Buch nicht nur die Hoffnung, dass das Buch einen breiten Kreis von Leserinnen und Lesern erreichen wird, sondern auch, dass die darin enthaltenen Informationen dazu beitragen werden, einen neuen, interessierteren, entspannteren und vielleicht sogar liebevolleren Blick auf die bedeutendste Tiergruppe auf unserem Planeten zu entwickeln.
Ich wünsche Ihnen viel Spaß beim Lesen.

PD Dr. Jürgen Gross

Präsident der Deutschen Gesellschaft für Allgemeine
und Angewandte Entomologie (DGaaE)

Für wen ist dieses Buch gedacht?

In den kleinsten Dingen zeigt die Natur die allergrößten Wunder.
Carl von Linné (1707–1778)

Insekten sind meist sehr kleine Tiere und entziehen sich oft der direkten Beobachtung. Wir nehmen sie in unserem Alltag kaum wahr. Wäre etwa eine Honigbiene so groß wie ein Vogel, oder ein Marienkäfer so groß wie eine Schildkröte – wir wären überwältigt von der Schönheit ihrer Gestalt und verblüfft über die Vielfalt der Verhaltensweisen: Wir könnten genau sehen, wie geschickt die Biene mit ihrem Rüssel Nektar aufnimmt, wie sie Pollen in die Körbchen an ihren Hinterbeinen stopft, und wie koordiniert die Kiefer des Marienkäfers beim Verzehren von Blattläusen arbeiten. Seien es die eleganten Flugkünste der Libellen, die raffinierten Fallen des Ameisenlöwen, oder die mütterliche Fürsorge zahlreicher Wanzen-Arten – es gibt viel zu entdecken! Um die Tiere, die mit uns und in unserer allernächsten Nachbarschaft leben, besser kennenzulernen, brauchen wir lediglich die Bereitschaft zum genauen Hinsehen, etwas Geduld und eine einfache Handlupe.

Sammlerin der Honigbiene mit gefüllten Pollenkörbchen („Höschen") an den Hinterbeinen.

Marienkäfer-Larve (rechts) beim Verzehren einer Blattlaus-Larve.

Dieses Buch wendet sich an alle, die sich fragen, welchen Insekten sie in Haus und Garten begegnen, und ob diese dem Menschen von Nutzen sind, ihm schaden oder ihm sogar gefährlich werden können. Es ist als allererster Einstieg in die große Vielfalt der Insekten gedacht.

Erdwanzen-Weibchen mit Eiern

Allein in Deutschland gibt es mehr als 30.000 Arten, weltweit sogar mehr als eine Million.
Das Buch stellt 111 der häufigsten und leicht erkennbaren Insektenarten vor, die fast überall in Deutschland mit ziemlicher Sicherheit anzutreffen, also heimisch, sind. Nicht alle dieser Arten sind „einheimisch", d. h. das Deutschland zu ihrem natürlichen Verbrei-

tungsgebiet gehört. Viele Arten wurden entweder vom Menschen - beabsichtigt oder unbeabsichtigt - eingeführt, oder sind in jüngerer Zeit, etwa im Zuge des Klimawandels, eingewandert. Diese Arten werden als „Neozoen“ bezeichnet.

Jede Art wird mit ihrem deutschen und ihrem wissenschaftlichen Namen benannt. Die Benennung mit wissenschaftlichen Namen folgt einem international verbindlichen Regelwerk (dem International Code of Zoological Nomenclature, ICZN). Dadurch ist gewährleistet, dass jede Art eindeutig bezeichnet werden kann, unabhängig von Landessprachen und lokalen Traditionen. Für alle Arten werden charakteristische Merkmale genannt und Informationen zur geographischen Verbreitung, zur Lebensweise und zur Rolle im Ökosystem („Ökofaktor“) gegeben. Ebenso werden die Großgruppen („Ordnungen“), denen sie angehören, kurz charakterisiert. Nicht alle in Deutschland vorkommenden Ordnungen sind in diesem Buch vertreten, obwohl auch sie teils häufige Arten enthalten. Diese sind jedoch in der Regel entweder nicht in Haus oder Garten anzutreffen, zu unscheinbar oder zu klein, um sie mit bloßem Auge zu erkennen. Eine Übersicht über die Ordnungen und die Zahl der ihnen angehörenden, hier aufgeführten Arten findet sich im Anhang.

In Europa sind wir in der glücklichen Lage, dass – im Gegensatz zu vielen anderen, v. a. tropischen Regionen – die Insektenfauna recht gut erforscht ist. Die meisten Arten sind bekannt und dokumentiert. Trotzdem gibt es immer noch überraschende Funde neuer Arten, z. B. den Riesensilberfisch aus Höhlen in Portugal, der erst vor wenigen Jahren entdeckt wurde. Für fast alle Insektengruppen existieren entsprechende Bestimmungsbücher, für einige sogar Bestimmungs-Apps. Wer mehr über Insekten wissen möchte oder sich intensiver mit einer oder mehreren Gruppen beschäftigen möchte, findet unter „Weiterführende Literatur“ (S. 181) und „Empfohlene Websites“ (S. 184) entsprechende Hinweise.

Trichterfallen eines Ameisenlöwen, Aufsicht (oben), Ameisenlöwe (= Larve der Ameisenjungfer) (Mitte), Saugzangen des Ameisenlöwen erfassen eine Ameise (unten).

Was ist ein Insekt – und was nicht? (Körperbau)

Insekten bilden gemeinsam mit Spinnentieren (Arachnida), Krebstieren (Crustacea) und den verschiedenen Gruppen der Tausendfüßer (früher als Myriapoda zusammengefasst) die Großgruppe der Gliederfüßer (Arthropoda). Im Gegensatz zum inneren Knochengerüst aller Wirbeltiere wird der Körper der Gliederfüßer durch ein äußeres Skelett gestützt. Diese „Außenhülle", oder Cuticula, wird von der Haut (Epidermis) abgesondert und bedeckt den ganzen Körper einschließlich der Fühler und Gliedmaßen. Das Material, aus dem es besteht, wird als Chitin bezeichnet. Es besteht aus langkettigen Molekülen, die dem Außenskelett besondere Eigenschaften verleihen: Es ist leicht, stabil, reißfest, wasserdicht und schützt den Körper vor Austrocknung. Durch die Auflagerung von Wachs schützt die Cuticula vor Austrocknung und schädlicher ultravioletter Strahlung. Sie bleibt entweder zeitlebens weich (siehe die zarte Haut der Blattläuse), kann aber aber durch Einlagerung von Eiweißen und sogar Metallen stark gehärtet werden (siehe die harten Panzer mancher Käfer).

Der Körperbau aller Insekten geht auf ein gemeinsames Grundmuster zurück. Wie bei allen Gliederfüßern ist der Körper der Insekten modular aufgebaut, d. h. er besteht aus einzelnen Abschnitten (Segmenten), die entlang der Körperlängsachse angeordnet sind. Ursprünglich trägt jedes dieser Segmente ein Paar Gliedmaßen. Bei den unterschiedlichen Gruppen der Gliederfüßer sind die Segmente zu mehr oder weniger deutlich abgegrenzten Körperabschnitten (Tagmata) verschmolzen.

Für Insekten charakteristisch ist die Unterteilung des Körpers in Kopf, Brustabschnitt (Thorax) und Hinterleib (Abdomen), die jeweils aus einer ganz bestimmten Anzahl von Segmenten bestehen. Der Körper ist durch diese Dreiteilung zwischen Kopf (Caput) und Brustabschnitt sowie zwischen Brustabschnitt und Hinterleib deutlich einge"kerbt", was zum deutschen Namen für Insekten – Kerbtiere – geführt hat. Der Begriff „Insekten" geht auf das lateinische Wort für „eingeschnitten" – *insecta* – zurück.

Die Körperabschnitte bilden jeweils funktionelle Einheiten: Der Kopf dient der Nahrungsaufnahme und der Orientierung, der Brustabschnitt der Fortbewegung, und im Hinterleib befinden sich die Organe für die Verdauung und die Fortpflanzung.

Die Gliedmaßen der jeweiligen Körperabschnitte dienen entsprechend als Mundwerkzeuge und Fühler (am Kopf), sind als Laufbeine ausgebildet (3 Beinpaare an den Segmenten des Brustabschnitts) oder sind an der Paarung und Eiablage beteiligt (Hinterleib). Der Besitz von Flügeln gehört nicht zum Grundmuster; ursprüngliche Insekten wie z. B. Silberfischchen sind flügellos. Flügel treten als „evolutive Neuerung" erst innerhalb der Insekten auf, und zwar am 2. und 3. Segment des Brustabschnitts. Bei Arten, deren Lebensweise das Vorhandensein von Flügeln nicht unbedingt erfordert, werden die Flügel teilweise oder völlig reduziert, z. B. bei parasitischen, boden- oder höhlenlebenden Formen.

Gliederfüßer *(Arthropoda)*

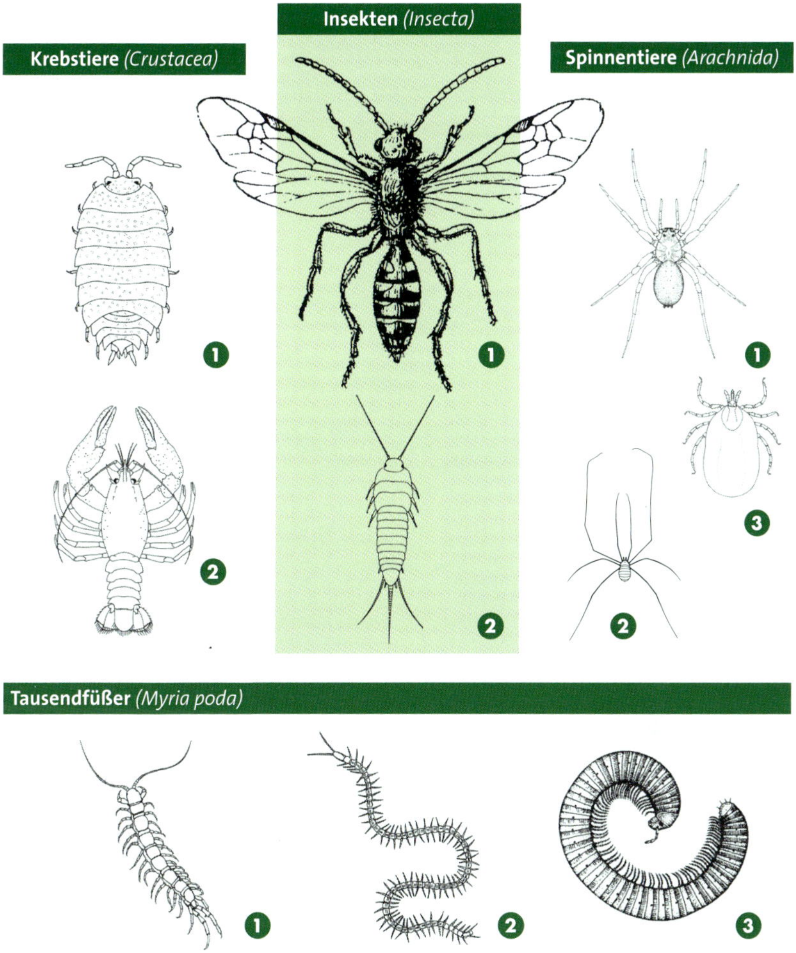

Dargestellte Tiere *(im Uhrzeigersinn):*

Insekten	(1) geflügeltes Insekt, (2) ungeflügeltes Insekt.
Spinnentiere	(1) Spinne, (2) Weberknecht, (3) Zecke.
Tausendfüßer	(1) Steinläufer, (2) Erdläufer, (3) Schnurfüßer.
Krebstiere	(1) Kellerassel, (2) Flusskrebs.

(Abbildungen nach Brohmer – Fauna von Deutschland. 2018. Quelle & Meyer).

Körperbau eines geflügelten Insekts

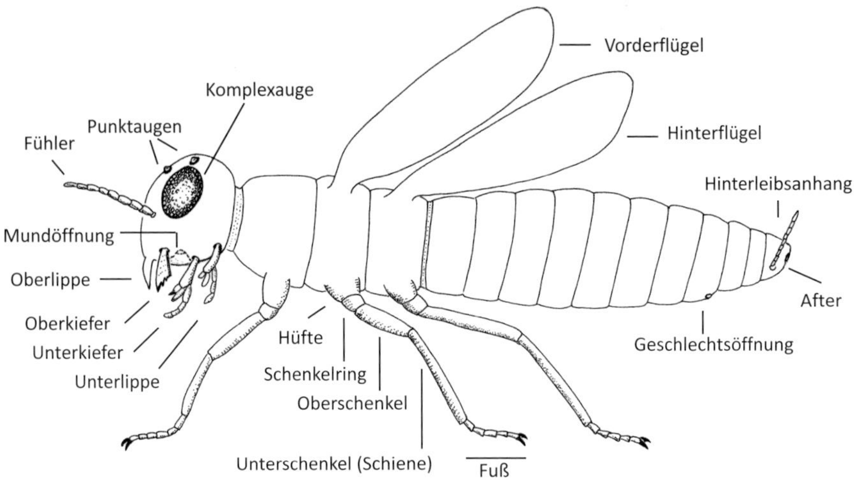

Die Fachbegriffe für die deutschen Bezeichnungen lauten:

Kopf – Caput

Brustabschnitt – Thorax

Hinterleib – Abdomen

Fühler – Antennen

Komplexaugen – Facettenaugen

Punktaugen – Ocellen

Mundwerkzeuge – Sammelbegriff für Gliedmaßen des Kopfes, die an der Nahrungsaufnahme beteiligt sind, bestehend aus:

- Oberlippe – Labrum
- Oberkiefer – Mandibeln
- Unterkiefer – Maxillen
- Unterlippe – Labium

Oberschenkel – Femur

Unterschenkel oder Schiene – Tibia

Fuß – Tarsus

Vorderflügel – Tegmen (Pl. Tegmina)

Hinterleibsanhang – Cercus (Pl. Cerci)

Geschlechtsöffnung – Gonoporus

Wie leben Insekten? (Ökologie, Wachstum, Entwicklung)

Während die Krebstiere im Laufe ihrer Stammesgeschichte vor allem Lebensräume im Meer besiedelten, haben Spinnentiere, Tausendfüßer und Insekten in mehreren unabhängigen Evolutionslinien Lebensräume auf dem Land besiedelt. Unter ihnen sind die Insekten die bei weitem artenreichste Gruppe. Die fast unendlichen Möglichkeiten der Abwandlung des dreiteiligen Körpers und seiner

Hainschwebfliegen bei der Bestäubung

Anhänge führte zu vielfältiger Spezialisierung: So können z. B. die Mundwerkzeuge an die Aufnahme fester oder flüssiger Nahrung angepasst und die Gliedmaßen des Brustabschnitts als Fang-, Grab-, Schwimm- oder Sprungbeine ausgebildet sein. Entsprechend konnten sich Insekten an die unterschiedlichsten Gegebenheiten ihrer Umgebung anpassen und eine riesige Vielfalt an Formen und Lebensweisen hervorbringen. Insekten sind in allen Vegetationszonen und bis in die Gipfelregionen hoher Berge zu finden und wichtiges Element der meisten terrestrischen Ökosysteme. Sie haben als einzige wirbellose Tiere den Luftraum erschlossen und sind in der Lage, alle organischen Substanzen (lebende oder tote Pflanzen und Tiere sowie Holz, Blut, Aas, Dung) als Energiequelle zu nutzen.

Insekten können zu Recht als Erfolgsmodell der Evolution bezeichnet werden: Sie stellen mindestens die Hälfte aller bisher dokumentierten Organismenarten (Tiere und Pflanzen, inklusive aller Einzeller).

Als „Art“ im biologischen Sinn wird eine fortpflanzungsfähige Gemeinschaft von Individuen bezeichnet, die unter natürlichen Bedingungen ihrerseits fortpflanzungsfähige Nachkommen hervorbringt. Bei Insekten besteht eine solche Fortpflanzungsgemeinschaft in der Regel aus weiblichen und männlichen Tieren. Es gibt jedoch Ausnahmen, bei denen Nachkommen auch aus unbefruchteten Eiern entstehen.

Dungfliegen suchen frische Kuhfladen zur Nahrungsaufnahme und Eiablage auf.

Um das Zusammenfinden der Geschlechter zu gewährleisten, hat jede Art ein ganz spezielles Repertoire an optischen, akustischen und chemischen Signalen sowie besondere Verhaltensweisen entwickelt, seien es artspezifische „Gesänge“, Tänze oder sogar das Überreichen von Brautgeschenken. Nach

Maikäfer bei der Paarung (Männchen links, Weibchen rechts)

erfolgreicher Paarung legt das Weibchen die Eier ab, aus denen die Larven schlüpfen. Eier werden an den unterschiedlichsten Stellen abgelegt: In oder an Pflanzengewebe, in der Laubstreu, im Boden, aber auch an oder in lebenden oder toten tierischen Organismen, meist an Orten, die einen größtmöglichen Schutz der Larven vor Fressfeinden und optimale Versorgung mit Nahrung bieten.

Das Wachstum der Jugendstadien und deren Entwicklung zum erwachsenen Tier erfolgt durch Häutungen. Dabei wird die alte, starre Cuticula abgestreift und darunter eine neue, noch weiche und dehnbare Außenhülle gebildet. Bei jeder Häutung wächst die Larve, bis sie – je nach Art – nach mehreren Häutungen die endgültige Körpergröße erreicht hat. Die Entwicklung zum erwachsenen, geschlechtsreifen Tier (Imago) verläuft entweder durch **unvollständige Verwandlung (Hemimetabolie)** oder **vollständige Verwandlung (Holometabolie)** (Abb. S. 19). Bei Arten mit unvollständiger Verwandlung ähneln die Jugendstadien (Larven) in ihrer Gestalt meist bereits dem erwachsenen Tier, lediglich die Flügel sind noch nicht funktionsfähig. Die Larven dieser Gruppe haben eine ähnliche Lebensweise wie die Erwachsenen. Eine Ausnahme bilden diejenigen (hemimetabolen) Insekten, deren Larven im Wasser leben. So sieht z. B. eine Libellenlarve deutlich anders aus als das erwachsene Tier. Bei Arten mit vollständiger Verwandlung zeigen die Larven keine äußeren Flügelanlagen, wie z. B. die Raupen der Schmetterlinge oder die Maden der Fliegen. Vor der Häutung zum erwachsenen Tier durchlaufen die Larven dieser Gruppe ein sogenanntes Puppenstadium. Die Puppen der meisten Arten sind unbeweglich und oft unscheinbar – man sieht ihnen nicht an, dass sich in ihrem Inneren tiefgreifende Veränderungen der Gestalt vollziehen, wie z. B. die Verwandlung einer Raupe zum Schmetterling, oder einer Made zu einer Fliege. Das Auftreten der vollständigen Verwandlung war ein Meilenstein in der Evolution der Insekten: Jugendstadien und erwachsene Tiere konnten sich an teils völlig unterschiedliche Lebensräume anpassen und verschiedenartige Nahrungsquellen erschließen. Entsprechend sind die „Holometabola" die bei weitem artenreichste Gruppe. Zu ihnen zählen die 4 megadiversen Ordnungen der Käfer, Schmetterlinge, Hautflügler und Zweiflügler (mit jeweils mehr als 100.000 Arten).

Unvollständige Verwandlung
(Hemimetabolie)

Beispiel:
Marmorierte Baumwanze,
Halyomorpha halys

Mittleres von insgesamt 5 Larvenstadien

Letztes Larvenstadium

Erwachsenes Tier

Vollständige Verwandlung
(Holometabolie)

Beispiel:
Mulmbockkäfer,
Ergates faber

Larve (Kopf links)

Puppe (Bauchseite)

Erwachsenes Tier (Körpergröße bis zu 6 cm)

Wie ist die Vielfalt geordnet und welches Insekt habe ich vor mir?

Weisheit beginnt damit, die Dinge beim Namen zu nennen.
Chinesisches Sprichwort

Die Ordnung der Vielfalt ist Aufgabe der wissenschaftlichen Disziplin der biologischen Systematik. Das System der Organismen soll möglichst die natürlichen Verwandtschaftsverhältnisse, also die Stammesgeschichte, widerspiegeln. Die Insekten werden in insgesamt mehr als 30 Großgruppen („Ordnungen“) eingeteilt, die auf eine gemeinsame Stammart zurückgehen. Die Großgruppen sind in der Regel durch Merkmale des Außenskeletts (Anzahl und Struktur der Flügel, Ausprägung der Mundwerkzeuge und der Gliedmaßen) charakterisiert, sodass ein bestimmtes Insekt, z. B. ein Käfer in der Regel problemlos als „Käfer“ erkannt und korrekt der Großgruppe Coleoptera zugeordnet werden kann. Um die Unterkategorien der Käfer (immerhin ca. 380.000 Arten) – also Familien, Gattungen – näher zu benennen oder gar die Art korrekt zu bestimmen, wird in der Regel Spezialliteratur benötigt, da sich viele Arten nur anhand ganz spezieller Strukturen erkennen lassen, was in vielen Fällen eine Feinpräparation unter dem Mikroskop erfordert. Einige Arten zeigen jedoch so markante Merkmalsausprägungen, dass sie unverwechselbar sind.

Warum ist es überhaupt wichtig, Organismen beim (richtigen) Namen zu nennen? Der Name einer Art ist der Schlüssel zu sämtlichen Informationen, zu allem Wissen über diese Art. Da jede Art spezielle, nur ihr eigene Merkmale, Eigenschaften und Anpassungen besitzt und ganz bestimmte Anforderungen an ihren Lebensraum stellt, ist es unabdingbar, eine Art korrekt benennen zu können. Nur so ist eine eindeutige Kommunikation über eine gegebene Art gewährleistet. Diese wiederum bietet die Basis für Fortschritte im wissenschaftlichen Erkenntnisprozess sowie für die Entwicklung geeigneter Schutzmaßnahmen.

Schon die Vielfalt der hier porträtierten 111 Arten, die nur einen winzigen Bruchteil der gesamten Vielfalt der Insekten ausmacht, scheint dem Laien kaum überschaubar. Wichtige Merkmale für die Einteilung in Großgruppen sind z. B. die Zahl und Beschaffenheit der Flügel (pteron = altgriechisch für Flügel, z. B.: Hymeno**ptera**, Hautflügler oder Di**ptera**, Zweiflügler). Viele dieser Merkmale sind jedoch am lebenden Tier und ohne optische Hilfsmittel oft nicht erkennbar. So können z. B. die Hinterflügel reduziert sein, oder Vorder- und Hinterflügel sind miteinander verbunden und bilden eine funktionelle Einheit. Mit etwas Übung und Erfahrung in der Beobachtung, also einem „geschärften Blick“, ist es jedoch in der Regel schnell möglich, die einzelnen Insektenordnungen, in manchen Fällen auch die Familien und sogar die Gattungen an ihrer Gestalt zu erkennen, also einer Kombination von Körperform, Proportionen der Körperabschnitte, Flügelform und Flügelhaltung, bei lebenden Tieren auch an speziellen Bewegungsweisen. Eine kleine Hilfestellung dazu bietet der „Merkmalstrainer“ im Anhang (S. 186). Diese Mustererkennung folgt den gleichen Prinzipien wie die Erkennung einer bekannten Person in einer Menschenmenge; sie funktioniert oft selbst dann, wenn charakteristische Merkmale nicht zu erkennen sind. Ein gutes Beispiel ist die Insekten-Grafik „Happy bug day“ des amerikanischen Pop-Art-Künstlers Andy Warhol (ca. 1955).

Folgende Insektengruppen sind durch Mustererkennung identifizierbar:
1-4: Käfer; 5-6: Hautflügler; 8: Larve einer Steinfliege; 9-11: Zweiflügler; 12-13: Libellen (12: Kleinlibelle; 13: Großlibelle); 14: Gottesanbeterin; 15: Stabheuschrecke; 16-17: Langfühlerschrecken; 18-22: Schmetterlinge (18: Ritterfalter); 23: Zikaden (Singzikade), 7: ein Phantasieprodukt des Künstlers.

Abbildung: Nachbau Grafikabteilung Quelle & Meyer Verlag

Die Mustererkennung macht allerdings das genaue Hinsehen nicht überflüssig: Muster können auch täuschen. Viele Insektenarten ahmen andere – wehrhafte – Insekten nach, die durch besonders markante Merkmale (bestimmte Körperformen, auffällige Färbungen wie z. B. schwarz-gelbe Warntrachten) gekennzeichnet sind. Dieses Phänomen wird als Mimikry bezeichnet. Ein bekanntes Beispiel ist die Wespen-Mimikry.

Oben: Die wehrhafte Feldwespe *Polistes dominulus*, ein Hautflügler, das „Vorbild".
Unten: Die harmlosen „Nachahmer" – der Bockkäfer *Clytus arietis* (links) und die Schwebfliege *Temnostoma vespiforme* (rechts), ein Zweiflügler.

Welche Arten aus welchen Großgruppen („Ordnungen“) werden in diesem Buch vorgestellt?

Weltweit unterscheidet man bei Insekten mehr als 30 Ordnungen, von denen einige nicht in Deutschland vorkommen (siehe auch Übersicht über die Ordnungen im Anhang, S. 185). Die Arten in diesem Buch repräsentieren knapp die Hälfte aller Insektenordnungen. Die Auswahl von 111 (von den ca. 33.000 insgesamt in Deutschland vorkommenden) Arten soll einen Einblick über die Vielfalt der Formen und Lebensweisen dieser Tiergruppe geben und zu weiteren Beobachtungen anregen.

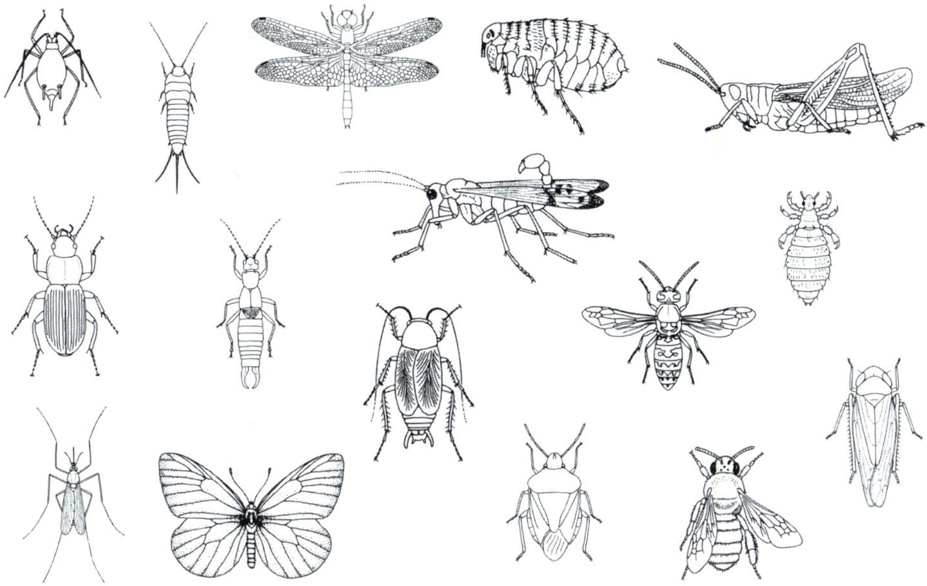

Bedeutung der verwendeten Piktogramme

Lebensraum: Haus

Lebensraum: Blütenpflanzen (ein- und mehrjährige Pflanzen), Kräuter, Zwiebelgewächse, Zier- und Kulturpflanzen (Gemüsesorten), Gräser (Niedervegetation)

Lebensraum: Hecken

Lebensraum: Bäume (Laub- und Nadelbäume)

Lebensraum: Teich

Fischchen (Zygentoma)

Weltweit verbreitet. 470 Arten, in Mitteleuropa 6 Arten.
Merkmale: Ursprüngliche, primär flügellose Insekten; Körpereinteilung in Kopf, Brustabschnitt und Hinterleib sehr gut erkennbar. Körper abgeflacht, meist silbrig-schimmernd, mit kleinen oder fehlenden Komplexaugen, langen, fadenförmigen Fühlern und mit 3 langen, fadenförmigen Anhängen an der Spitze des Hinterleibs.
Kleinste Art: 1,4 mm.
Größte Art: Riesensilberfisch, *Squamatinia algharbica*, Körperlänge 3 cm (inklusive der Fühler und Hinterleibsanhänge 10 cm). Diese erst 2015 in Höhlen an der portugiesischen Algarve entdeckte Art gilt als bisher „größtes unterirdisch lebendes Insekt Europas".

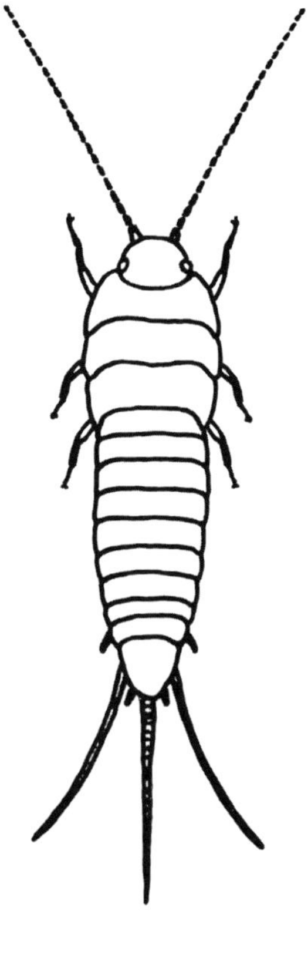

Silberfischchen

Lepisma saccharina („Zuckergast“)
Lepismatidae

Körperlänge: 9–12 mm
Merkmale: Lange Fühler, sehr kleine Augen, Brustabschnitt deutlich dreigeteilt, Hinterleib schlank, mit 3 auseinandergespreizten Schwanzfäden.
Färbung: Silbrig-grau schimmernd, verursacht durch die dichte Bedeckung des Körpers mit Schuppen (bei erwachsenen Tieren bis zu 40.000). Die Schuppen sind die äußeren Anteile von Sinnesorganen, die mechanische Reize (Berührungen, Vibrationen) wahrnehmen.
Verbreitung: Weltweit, in tropischen und subtropischen Regionen.
Lebensweise: Kulturfolger. Silberfischchen sind eigentlich lichtscheue Bodentiere, kommen in Mitteleuropa aber vorwiegend in Gebäuden vor, an warmen und feuchten Stellen (Küche, Badezimmer). Sie ernähren sich von organischen Substanzen, wie z. B. Stärke und Zucker, aber auch von Hautschuppen, Haaren, Hausstaubmilben, Schimmelpilzen.
Ökofaktor: Silberfischchen sind harmlos, können aber bei Auftreten in großen Dichten lästig werden, da sie Bücher, Gemälde und Tapeten beschädigen. Saubere und trockene Bereiche werden gemieden.

Libellen (Odonata)

Weltweit verbreitet, ca. 6.000 Arten, in Deutschland 81 Arten

Merkmale: Zwei Flügelpaare, die unabhängig voneinander bewegbar sind. Kopf sehr beweglich, kann mit speziellen Strukturen während des Fluges am Vorderrand des Brustabschnitts fixiert werden. Kopf mit großen Komplexaugen, kurzen Antennen, kauend-beißenden Mundwerkzeugen, Brustabschnitt gedrungen, Hinterleib lang, schlank. Jugendstadien in Mitteleuropa immer wasserlebend. Erwachsene und Larven leben räuberisch – die Erwachsenen sind meist Flugjäger, die Larven Lauerjäger. Viele Kleinlibellen sammeln Blattläuse an Pflanzen ab. Viele Libellen sind geschickte und teils ausdauernde Flieger und werden von anderen Gliederfüßern, z. B. Milben, als Transportmittel benutzt.

Oft ist das Paarungsverhalten der Libellen zu beobachten, das bei allen Arten nach einem ähnlichen Muster abläuft. Zunächst ergreift das Männchen ein Weibchen mit zangenartigen Anhängen am Hinterleibsende hinter dem Kopf, und das Paar fliegt eine kurze Strecke als Paarungskette (sog. Tandemflug). Bald biegt das Männchen sein Hinterleibsende nach vorn und deponiert Spermien in seinem Begattungsorgan, das auf der Bauchseite am 2. Hinterleibsring, also weit vorn, liegt. Anschließend streckt das Männchen seinen Hinterleib wieder, ohne das Weibchen loszulassen. Dieses krümmt nun seinerseits ihren Hinterleib bauchwärts und heftet ihre Hinterleibsspitze an das Begattungsorgan des Männchens. Männchen und Weibchen fliegen als Paarungs"rad" umher, bis die Begattung vollzogen ist. Anschließend trennen sich die Partner oder das Männchen bleibt mit dem Weibchen auch während der Eiablage verbunden.

Man unterscheidet zwei Gruppen: Kleinlibellen (Zygoptera) und Großlibellen (Anisoptera). Kleinlibellen haben gleich große Vorder- und Hinterflügel, die Komplexaugen sitzen seitlich am Kopf und sind deutlich voneinander getrennt. Großlibellen besitzen breitere Hinterflügel als Vorderflügel; die Komplexaugen sind in der Kopfmitte sind nur leicht getrennt oder ineinander übergehend. Atmung der Larven mit äußeren, meist blattförmigen Anhängen („Tracheenkiemen") an der Spitze des Hinterleibs (Kleinlibellen) oder über das Enddarmgewebe (Großlibellen).

Kleinste Arten: 15–16 mm Körperlänge und ca. 2 cm Flügelspannweite, z. B. *Agriocnemis pygmaea*, aus Asien und Australien, Larven unbeabsichtigt eingeschleppt in Deutschland mit exotischen Wasserpflanzen. Die heimische Zwerglibelle *Nehalennia speciosa* ist mit 20–25 mm Körperlänge die kleine mitteleuropäische Art.

Größte (lebende) Art: *Megaloprepus caerulatus* (ironischerweise eine „Kleinlibelle"), Mittel- und Südamerika. Körperlänge bis 15 cm, Flügelspannweite max. 20 cm

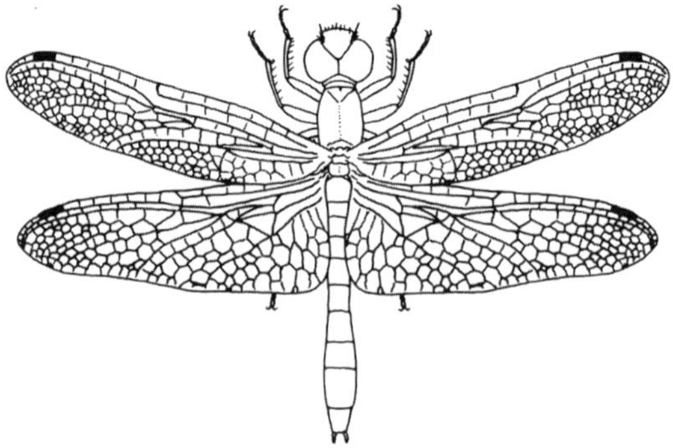

Weidenjungfer

Chalcolestes viridis
Lestidae (Teichjungfern)

Körperlänge: 4–5 cm
Flügelspannweite: 5–6 cm
Färbung: Bei Männchen und Weibchen gleich: grünmetallisch bis kupfer- und bronzefarben; Brustabschnitt seitlich mit hellem Streifen; Flügel mit dunklen Adern und hellbraunen Bereichen im hinteren Bereich des Außenrandes.
Verbreitung: West- und Mitteleuropa.
Lebensweise: An stehenden (Teiche, Tümpel) und langsam fließenden Gewässern.
Das Weibchen legt die Eier im Herbst unter der Rinde von Zweigen verschiedener Weichholz-Baumarten ab (Weiden, Pappeln, Erlen). An den Einstichstellen bildet die Rinde Narben, die in ihrer Gesamtheit charakteristischen Muster bilden. Im Frühjahr schlüpfen die ca. 2 mm großen, wurmförmigen Vorlarven, die sich ins Wasser fallen lassen und sich dort zum 1. Larvenstadium häuten. Da die Vor- oder Prolarve beinlos ist, kann sie sich nur durch schnelle Krümmung des Körpers fortbewegen.
Ökofaktor: Räuber; die erwachsenen Tiere jagen kleine Insekten; die Larven ernähren sich von Insektenlarven und Kleinkrebsen. Die Art gilt aktuell als nicht gefährdet. Bei hohen Fischbeständen oder bei vollständiger Rodung der Ufervegetation verschwinden lokale Populationen.

Große Pechlibelle

Ischnura elegans
Coenagrionidae (Schlanklibellen)

Körperlänge: 3 cm
Flügelspannweite: 3,5–4,5 cm
Merkmale: Hinterleib pechschwarz (Name!), nur das 8. Segment mit leuchtend-blauer Färbung.
Färbung: Männchen blau, Brustabschnitt mit blauen und schwarzen Längsstreifen; Weibchen sehr variabel gefärbt. Beide Geschlechter mit schwarz-weißen, spitz zulaufenden Flügelmalen.
Verbreitung: In Europa weit verbreitet und sehr häufig; fehlt in Teilen Skandinaviens und auf einigen Mittelmeerinseln.
Lebensweise: An stehenden und fließenden Gewässern aller Art, oft die erste Libellen-Art an naturnahen Gartenteichen.
Ökofaktor: Räuber. Die erwachsenen Tiere ernähren sich von Kleininsekten, u. a. Blattläusen, gelegentlich auch anderen Kleinlibellen; die Larven gelten als gefräßig und ernähren sich u. a. von Kleinkrebsen.
Ähnliche Art: Bei der selteneren Kleinen Pechlibelle (*Ischnura pumilio*) sind das hintere Drittel des 8. und das 9. Hinterleibssegment blau gefärbt.

Hufeisen-Azurjungfer

Coenagrion puella
Coenagrionidae (Schlanklibellen)

Erwachsenes Weibchen

Körperlänge: 3–4 cm
Flügelspannweite: 4–5 cm
Merkmale: Körper klein, schlank, nadelförmig. Flügel transparent, ohne Zeichnung, mit schwarzem Flügelmal. Beim Männchen Hinterrand des Halsschildes doppelt geschwungen und meist blau.
Färbung: Beim Männchen blau mit schwarzer Zeichnung, beim Weibchen überwiegt die schwarze Zeichnung, Grundfarbe ist grün oder hellblau. Nur beim Männchen ist auf dem 2. Hinterleibsring ein schwarzes, (nach vorn offenes) hufeisenförmiges Mal (Name!).
Verbreitung: Fast überall in Europa weit verbreitet, fehlt im nördlichen Skandinavien, im Osten reicht das Verbreitungsgebiet bis in die Mongolei und nach Sibirien. Die Art ist eher in Tieflagen als im Bergland anzutreffen, begrenzender Faktor ist die Temperatur (im Juli nicht unter 15 °C).
Lebensweise: Die Hufeisen-Azurjungfer bevorzugt stehende, nährstoffreiche und besonnte Gewässer, auch kleinere Wasserstellen. Die Larven stellen keine hohen Ansprüche an die Wasserqualität. Bei optimalen Bedingungen kommt es zu Massenauftreten, da mehrere Hundert Tiere gleichzeitig schlüpfen und ausfliegen.
Ökofaktor: Flugjäger. Die Erwachsenen ernähren sich von Insekten, die Larven von Kleinstlebewesen.

Männchen (oben) und Weibchen (unten) bei der Paarung („Paarungsrad“)

Blaugrüne Mosaikjungfer

Aeshna cyanea
Aeshnidae (Edellibellen)

Erwachsenes Männchen

Körperlänge: 7–8 cm
Flügelspannweite: 9–11 cm
Merkmale: Eine der größten Libellen-Arten Europas. Flügel transparent, mit dunkler Aderung, ohne Zeichnung.
Färbung: Bei beiden Geschlechtern Brustabschnitt gelbgrün mit schwarzer Zeichnung, Halsschild schwarz, mit 2 leuchtend-grünen ovalen Flecken. Beim Männchen vordere Hinterleibsringe mit grüner Zeichnung, hintere mit blauer Zeichnung; beim Weibchen braunschwarz mit grüner Zeichnung.
Verbreitung: In Europa bis zum Ural weit verbreitet und häufig, Vorkommen auch in Nordwestafrika.
Lebensweise: Vorwiegend an kleineren stehenden Gewässern, häufig an Gartenteichen. Die Erwachsenen unternehmen ausgedehnte Jagdflüge auf der Suche nach Insekten. Sie fliegen in geringer Höhe, auch in der Nähe des Menschen und werden daher manchmal als zudringlich empfunden, oder – irrtümlich - für gefährlich gehalten („Teufelsnadel“, „Augenstecher“).
Ökofaktor: Aktiver Flugjäger. Die erwachsenen Tiere ernähren sich von Mücken, Fliegen und anderen geflügelten Insekten, auch anderen Libellen-Arten, die Larven von Wasserflöhen und Mückenlarven.

Große Königslibelle

Anax imperator
Aeshnidae (Edellibellen)

Körperlänge: ca. 8 cm
Flügelspannweite: 9–11 cm
Merkmale: Eine der größten einheimischen Libellen-Arten.
Färbung: Beide Geschlechter mit grünem Brustabschnitt und blauem Hinterleib, beim Männchen Hinterleib auf der Rückenseite mit schwarzem Längsband.
Verbreitung: In einem Großteil Europas und ganz Afrika, auf der Arabischen Halbinsel, in Südwest- und Zentralasien. In Europa wird z. Zt. eine deutliche Ausdehnung nach Norden beobachtet.
Lebensweise: An und in der Nähe von pflanzenreichen stehenden Gewässern, Teichen und Tümpeln. Das Weibchen sticht die Eier in Pflanzenteile ein, die unter Wasser liegen. Die Männchen sind sehr ausdauernde Flieger, die ihre Reviere abfliegen und diese gegen Eindringlinge, meist andere Libellen-Arten, in Luftkämpfen verteidigen. Oft werden die überwältigten Gegner verzehrt.
Ökofaktor: Die erwachsenen Tiere fressen v. a. Fliegen und Mücken, aber auch andere Libellen (auch größere Arten) und gelegentlich Schmetterlinge. Die Larven ernähren sich von Insektenlarven, Wasserwanzen, aber auch Kaulquappen sowie gelegentlich von Fischbrut und -laich. Die Art ist in Deutschland besonders geschützt, gilt aber nicht als gefährdet.

Plattbauch

Libellula depressa
Libellulidae (Segellibellen)

Erwachsenes Weibchen

Körperlänge: 4–5 cm
Flügelspannweite 6,5–7,5 cm
Merkmale: Bei beiden Geschlechtern Hinterleib breit und abgeflacht, der Körper wirkt plump.
Färbung: Oberseite des Hinterleibs beim Männchen matt hellblau, beim Weibchen gelblich-braun, mit gelben Seitenflecken. Charakteristisch für die Art sind die relativ großen dunklen Flecke an der Basis beider Flügelpaare. Flügelvorderrand mit dunklem, schmalen Flügelmal.
Verbreitung: In ganz Europa weit verbreitet, außer im Nordosten.
Lebensweise: An stehenden Gewässern, auch mit spärlicher Ufervegetation, z. B. in Kiesgruben oder anderen Abbaugebieten, häufig auch an frisch angelegten Gartenteichen, und sogar kleinen Pfützen. Die Larven leben im Schlamm eingegraben und können sogar das Austrocknen der Wasserkörper für längere Zeit überdauern.
Ökofaktor: Ansitzjäger. Die Männchen haben feste Sitzplätze, z. B. an Zweigen, von wo sie ihrer Beute (andere Insekten) auflauern, aber auch nach Weibchen für die Paarung Ausschau halten.

Männchen

Gemeine Heidelibelle

Sympetrum vulgatum
Libellulidae (Segellibellen)

Männchen

Körperlänge: 3,5–4 cm
Flügelspannweite: 5–6,5 cm
Merkmale: Hinterleib der Männchen zur Spitze hin (6.–8. Segment) keulig verdickt.
Färbung: Beim Männchen Kopf inkl. der Augen, Brustabschnitt und Hinterleib rot gefärbt, Beine mit gelben Längsstreifen; Weibchen bräunlich-gelbrot mit schwarzer Zeichnung.
Verbreitung: In kontinental beeinflussten Regionen Mittel- und Nordosteuropas sowie bis nach Sibirien, China und Japan, im Tiefland häufiger als in höheren Lagen.
Lebensweise: An pflanzenreichen stehenden und langsam fließenden Gewässern mit Verlandungszonen, auch Kleinstgewässer und Gartenteiche. Die Paarung wird sitzend in Ufernähe vollzogen. Die Eiablage erfolgt im Flug, durch wippende Bewegungen des Hinterleibs, währenddessen das Männchen das Weibchen am Kopf festhält.
Ökofaktor: Erwachsene Tiere ernähren sich von Insekten jeglicher Art; die Larven fressen Wasserinsekten, Kleinkrebse und andere Insektenlarven.
Ähnliche Arten: Blutrote Heidelibelle (*Sympetrum sanguineum*): ebenfalls häufig, Beine schwarz gefärbt; Gebänderte Heidelibelle (*Sympetrum pedemontanum*): selten, beide Flügelpaare mit auffälligen dunklen Querbändern im äußeren Drittel und Flügelvorderrand mit deutlich roten Flügelmalen.

Ohrwürmer (Dermaptera)

Ca. 2.000 Arten weltweit (außer Antarktika), in Europa ca. 80, in Mitteleuropa ca. 20, in Deutschland 8 (häufigste Art: Gemeiner Ohrwurm, *Forficula auricularia*).
Merkmale: Körper langgestreckt, abgeflacht; die beißend-kauenden Mundwerkzeuge sind nach vorn ausgerichtet; Fühler und Beine relativ kurz; Vorderflügel kurz und ledrig, bedecken in Ruhestellung die häutigen, halbkreisförmigen Hinterflügel, die zum Flug durch einen komplizierten Mechanismus entfaltet werden. Hinterleib an der Spitze mit charakteristischer „Zange", die von paarigen Hinterleibsanhängen (Cerci) gebildet wird. Form der Zange charakteristisch für die jeweilige Art. Entwicklung hemimetabol.
Größte Art: *Labidura herculanea*, 8,5 cm. St. Helena, vermutlich ausgestorben.
Kleinste Art: *Eugerax poecilium*, 3 mm. Zentral- und Südamerika.

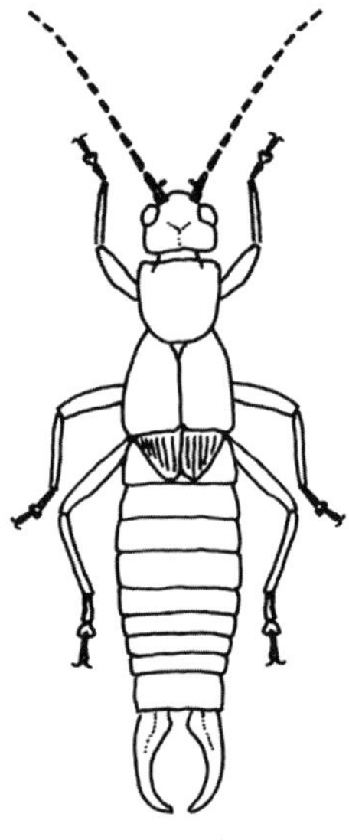

Gemeiner Ohrwurm

Forficula auricularia
Forficulidae (Eigentliche Ohrwümer)

Erwachsenes Männchen

Körperlänge: 10–16 mm
Merkmale: 4 Flügel, die Vorderflügel als kurze Deckflügel ausgebildet, die Hinterflügel sind unter die Vorderflügel eingefaltet und werden in Ruhestellung von den Deckflügeln bis auf 2 kleine Zipfel bedeckt. Der Körper ist abgeflacht und trägt an der Spitze des Hinterleibs auffällige Zangen, diese beim Männchen stark gebogen und mit einem zahnartigen Vorsprung an der Innenseite, beim Weibchen fast gerade, ohne zahnartigen Vorsprung.
Färbung: Glänzend kastanien-braun.
Verbreitung: In Europa weit verbreitet, seit Anfang des 20. Jahrhunderts in Nordamerika eingeschleppt.
Lebensweise: In Wäldern und offenen Landschaften, aber auch in Gärten häufig, unter Laub, in Ritzen und Spalten. Allesfresser, ernähren sich von Früchten, Gemüse und den daran lebenden Insekten, wie z. B. dem Birnenblattfloh. Die Weibchen betreiben aktive Brutpflege: die Eier werden in Erdhöhlen abgelegt und das Weibchen verteidigt das Gelege nicht nur gegen Fressfeinde, sondern entfernt Schimmelpilze durch Ablecken der Eier. Die geschlüpften Jungen kehren immer wieder zum Nest zurück. Nach seinem Tod dient das Weibchen den Nachkommen als zusätzliche Nahrungsquelle.

Ökofaktor: Ohrwürmer können zur Bekämpfung von Schadinsekten (Blattläusen, Blattflöhen) im Obst- und Gemüseanbau eingesetzt werden. Im Weinbau können allerdings Probleme auftreten: Ohrwurm-Kot enthält Duftstoffe, die die Qualität bzw. den Geschmack des Weines beeinträchtigen können (bereits ab 10 Exemplaren oder 0,6 g Kot pro Kilo Trauben).

Weibchen mit Eigelege

Schaben, Blattodea

Ca. 4.600 Arten weltweit, vor allem in den Tropen und Subtropen, in Mitteleuropa ca. 15, in Deutschland weniger als 10.
Körper meist abgeflacht, länglich oval, Kopf und Ansatz der Flügel vom scheibenförmigen Halsschild bedeckt; Färbung meist bräunlich; Mundwerkzeuge beißend; Fühler lang und vielgliedrig; Vorderflügel ledrig, beim Männchen oft länger als beim Weibchen, bedecken die Hinterflügel; Beine mit kräftigen Dornen besetzt; Hinterleib mit paarigen Anhängen (Cerci); diese tragen zahlreiche Sinnesorgane, die so empfindlich sind, dass sie den Atem und die Bewegung sich annähernder Fressfeine (Vögel, Amphibien) wahrnehmen können.
Die meisten Arten sind flugfähig, sind aber auch schnelle Läufer (Die Gemeine Küchenschabe erreicht 5,4 km/h und ist damit der schnellste Läufer unter den Insekten). Schaben sind vorwiegend Pflanzenfresser, gelegentlich erbeuten sie auch andere Gliederfüßer), in Terrarienhaltung kommt es zu Kannibalismus. Einige Arten sind Kulturfolger. Entwicklung hemimetabol; Eier werden als Pakete (Ootheken) abgelegt.
Größte Arten: 8 –10 cm; Borneo, Australien, Madagaskar.
Kleinste Arten: 2,5–3 mm (*Attaphila*-Arten, Tropen und Subtropen Amerikas; in Nestern von Blattschneiderameisen).

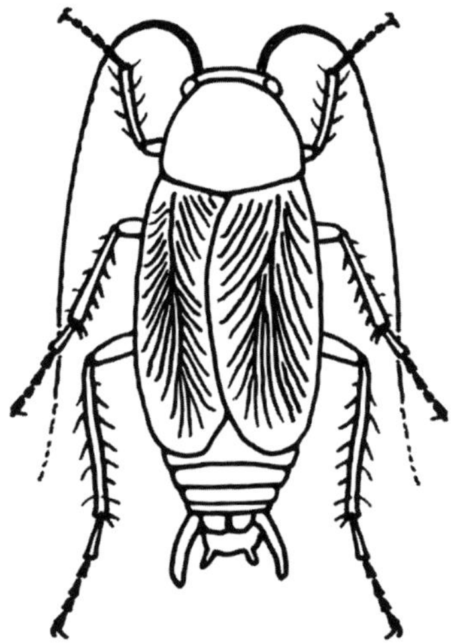

Küchenschabe,

Blatta orientalis
Blattidae

Körperlänge: 19–25 mm
Merkmale: Männchen mit fast körperlangen Flügeln, Weibchen mit kurzen Flügelstummeln.
Färbung: Einheitlich dunkelbraun, ohne helle Zeichnungselemente
Verbreitung: Heute weltweit verbreitet, in Mitteleuropa vermutlich bereits vor langer Zeit aus Nordafrika, dem östlichen Mittelmeergebiet oder Südrussland eingeschleppt.
Lebensweise: dämmerungs- und nachtaktive Allesfresser (notfalls auch Kot, Tapeten und Korken); bevorzugen feuchtwarme Lebensräume, optimal: 20–29 °C und mindestens 60 % Luftfeuchte. In wärmeren Gegenden freilebend, in Deutschland und Mitteleuropa fast ausschließlich in Gebäuden, die ideale Bedingungen liefern: Bäckereien, Großküchen, Zoos, Landwirtschaftsbetriebe (v. a. Schweinezucht), auch in der Kanalisation, jedoch selten in Privatwohnungen.
Ökofaktor: Hygiene- und Materialschädling (z. B. durch Benagen von Kabeln in Elektrogeräten, u. a. Computern) sowie wichtiger Gesundheitsschädling: Aufgrund ihrer Lebensweise übertragen Küchenschaben Schimmelpilzsporen (die bis zu 3 Tage am Körper der Tiere haften bleiben) und Krankheitskeime auf Menschen und Nutztiere. Außerdem ist die Küchenschabe ein Zwischenwirt für den Rattenbandwurm.

Gemeine Waldschabe

Ectobius sylvestris
Ectobiidae

Körperlänge: 7–11 mm, die Weibchen sind etwas kleiner als die Männchen.
Merkmale: Halsschild dreieckig-abgerundet.
Färbung: Halsschild schwarz mit hellem, umlaufendem Rand. Die Flügel reichen beim Männchen bis zur Spitze des Hinterleibs, beim Weibchen überragen sie nur knapp die Mitte des Hinterleibs. Entsprechend sind nur die Männchen flugfähig.
Verbreitung: In Europa weit verbreitet. Die Art fehlt in Großbritannien, auf der Iberischen Halbinsel und in Süditalien.
Lebensweise: Pflanzenfresser, tagaktiv, agil, die Männchen vorwiegend in der Bodenvegetation und in der Strauchschicht, auch in Hecken, die Weibchen am Boden und in der Laubstreu.
Ökofaktor: Keine Schadwirkung.
Ähnliche Art: Die Deutsche Schabe, *Blattella germanica* (hier Halsschild hellbraun mit 2 dunklen Längsstreifen). Lebt nur in Gebäuden.

Heuschrecken, Orthoptera

Ca. 28.000 Arten weltweit, in Europa > 1.000, in Deutschland 86. Etwa die Hälfte steht auf der Roten Liste gefährdeter Arten.
Mittelgroße bis große Insekten (ca. 1,5 –4 cm), kauend-beißende Mundwerkzeuge, nach unten bzw. hinten ausgerichtet; die kräftigen Beißmandibeln eignen sich für Nahrung aller Art. Vorderflügel ledrig, meist schmal, Hinterflügel häutig, in Ruhestellung unter Vorderflügel gefaltet; Halsschild sattelförmig, d. h. an den Seiten herabgezogen; Hinterbeine oft als Sprungbeine ausgebildet, mit verdicktem Schenkel. Lauterzeugung (Männchen zum Anlocken der Weibchen) durch Stridulation, d. h. durch Gegeneinanderreiben von Körperteilen; mit kompliziert gebauten Gehörorganen (Tympanalorganen) an der Basis der Vorderschienen bei beiden Geschlechtern. Man unterscheidet zwei Gruppen: Langfühlerschrecken, Ensifera (Fühler so lang wie der Körper oder länger) und Kurzfühlerschrecken, Caelifera (Fühler kürzer als der Körper). Langfühlerschrecken erzeugen die Stridulationsgeräusche durch das Öffnen und Schließen der Vorderflügel, Kurzfühlerschrecken durch Reiben des Hinterschenkels an einer Leiste des Vorderflügels (für Tonaufnahmen siehe S. 179–180). Weibchen mit Legeapparat, dieser ist entweder lang und sichel-oder säbelförmig (bei den meisten Langfühlerschrecken) oder kurz und zum Graben geeignet (Kurzfühlerschrecken). Entwicklung hemimetabol.
Heuschrecken sind eiweißreich und werden vor allem in Afrika, Asien und Südamerika gegessen; seit 2021 ist die Europäische Wanderheuschrecke, *Locusta migratoria*, als neuartiges Lebensmittel in der Europäischen Union zugelassen.
Größte Arten: Südamerikanische Riesenheuschrecke, bis 10 cm (Kurzfühlerschrecke) und die „Wetas" (= Vertreter einer Langfühlerschreckenfamilie, die auf der Südhalbkugel verbreitet ist), bis zu 9 cm lang und bis zu 71 g schwer.
Kleinste Art: *Myrmecophilus myrmecophilus* (Ameisengrillen, Myrmecophilidae), Körperlänge 2–2,5 mm, lebt in Ameisennestern.

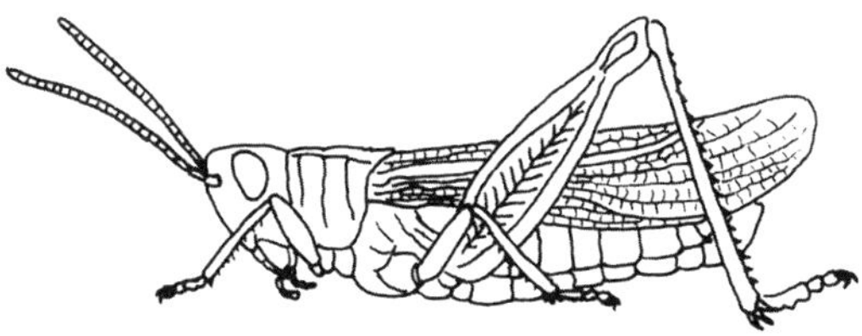

Roesels Beißschrecke

Roeseliana roeseli
Laubheuschrecken, Tettigoniidae

Männchen

Weibchen

Körperlänge: 14–19 mm; die Männchen etwas kleiner als die Weibchen
Merkmale: Flügel auf ganzer Länge breit, meist halb so lang wie der Hinterleib, unter bestimmten Bedingungen (hohe Populationsdichten) treten auch langflügelige Individuen auf. Die paarigen Hinterleibsanhänge der Männchen (Cerci) mit einem kräftigen, nach innen gerichteten Dorn unterhalb der Spitze. Weibchen mit säbelartig nach oben geschwungener Eiablageröhre, die zur Spitze hin dunkler gefärbt ist.
Färbung: Körper mit grünoliver, rotbrauner bis hellbrauner Grundfarbe; charakteristisch sind die breit hell (gelblich-weiß bis hellgrün) geränderten Seitenlappen des Halsschildes und die Zeichnung der Hinterschenkel: diese durch einen schwarzen, kammartigen Längsstrich zweigeteilt, oberhalb dieses Längsstrichs heller (grünlich bis gelblich) als unterhalb gefärbt.
Verbreitung: Europa und Asien; in Mitteleuropa eine der häufigsten und am weitesten verbreiteten Arten der Laubheuschrecken; vom Flachland bis ca. 1.000 m, oberhalb seltener.
Lebensweise: Ernährt sich vorwiegend von Pflanzen, insbesondere Gräsern; krautige Pflanzen, kleine Insekten und Artgenossen werden nur gelegentlich gefressen. Tagaktiv, nur gelegentlich sind die Gesänge der Männchen auch nachts zu hören. Die Männchen produzieren durch Öffnen und Schließen der Flügel einen langandauernden, sirrenden, gleichmäßigen Gesang, der durch kurze Pausen unterbrochen wird.
Ökofaktor: Anspruchsloser Pflanzenfresser.

Grünes Heupferd

Tettigonia viridissima
Laubheuschrecken, Tettigoniidae

Männchen

Weibchen

Körperlänge: Männchen 2,8–3,6 cm, Weibchen 3,2–4,2 cm (Eiablageröhre zusätzlich ca. 3 cm)
Merkmale: Große Art, mit sehr langen Flügeln: überragen weit die Hinterleibsspitze, reichen beim Weibchen sogar bis zur Spitze der Eiablageröhre.
Färbung: Einfarbig leuchtend grün; schmaler brauner Längsstrich auf dem Rücken; selten auch Individuen mit gelblicher Färbung.
Verbreitung: Europa und Asien, von der Atlantik- bis zur Pazifikküste.
Lebensweise: Hauptsächlich räuberisch (Insekten und deren Larven, auch Artgenossen), aber auch weiche und krautige Pflanzen. Auf Trockenrasen, Brachen sowie Gärten und landwirtschaftlich genutzte Flächen; sogar in Großstädten, Voraussetzung sind trockene und warme Lebensräume mit mindestens 30 cm hoher Vegetation. Jugendstadien in der Krautschicht, die Erwachsenen häufig auf Sträuchern und Bäumen. Der Gesang der Männchen ist ein lautes Schwirren, das bis zu 100 m weit hörbar (Juli–Oktober) ist. Vorwiegend tagaktiv, bei entsprechender Temperatur (ab 16 °C) singen die Männchen auch nachts bis in die frühen Morgenstunden.
Ökofaktor: Kulturfolger; keine Schadwirkung.
Ähnliche Art: Zwitscherschrecke, *Tettigonia cantans*, die im gleichen Gebiet vorkommt, aber mit ca. 3 cm (Männchen) und 3,5 cm (Weibchen) deutlich kleiner ist.

Gemeine Eichenschrecke

Meconema thalassinum
Laubheuschrecken, Tettigoniidae

Männchen

Weibchen

Körperlänge: 12–15 mm
Merkmale: Ähnelt in der Gestalt dem Grünen Heupferd (S. 41), ist aber wesentlich kleiner. Fühler sehr lang, ca. 4-mal so lang wie der Körper; Flügel überragen die Hinterleibsspitze kaum; Weibchen mit fast körperlanger, schlanker und nur leicht gebogener Eiablageröhre.
Färbung: Blassgrün, mit schmalem hellen, gelblichen Längsstrich auf dem Rücken.
Verbreitung: Schwerpunkt der Verbreitung ist Mitteleuropa, im Süden reicht das Areal bis ins nördliche Südeuropa, im Osten bis zum Kaukasus und im Norden bis nach Südskandinavien.
Lebensweise: In Lebensräumen mit höherer Vegetation, Laubwälder, an Eichen und anderen Laubgehölzen, vorwiegend in den Baumkronen, an der Unterseite von Blättern. Die Art kommt auch innerhalb von Ortschaften vor, in Gärten, Parks und Streuobstwiesen, meidet aber Monokulturen. Rein nachtaktiv, räuberisch, ernährt sich v. a. von Blattläusen und kleinen Raupen. Die Männchen besitzen kein Stridulationsorgan, sondern locken die Weibchen durch Trommeln mit den Hinterbeinen auf Ästen und Blättern an.
Ökofaktor: Räuber, vertilgt v. a. Blattläuse. In Mitteleuropa stabile Vorkommen, aktuell nicht gefährdet.
Ähnliche Art: Südliche Eichenschrecke (*Meconema meridionale*); im Mittelmeergebiet heimisch, breitet sich seit einigen Jahren stark nach Mitteleuropa aus.
Unterschiede zur Gemeinen Eichenschrecke: Wesentlich kürzere Flügel (ca. 1 mm lange Stummel); Hinterleibsanhänge der Männchen (Cerci) leicht geschwungen, bei der Gemeinen Eichenschrecke nach innen gebogen).

Punktierte Zartschrecke

Leptophyes punctatissima
Laubheuschrecken, Tettigoniidae

Männchen

Weibchen

Körperlänge: 10–15 mm
Merkmale: Körper gedrungen, kräftig, Flügel, v. a. beim Weibchen, sehr kurz, sodass auch erwachsene Tiere wie Larven wirken; Eiablageröhre des Weibchens relativ kurz, kräftig, sichelartig nach oben gekrümmt.
Färbung: Grünlich, mit sehr feinen dunklen Punkten; beim Weibchen mit variabler, teilweise sehr blasser gelber Längszeichnung, beim Männchen mit breiter brauner Längsbinde auf dem Rücken des Hinterleibs.
Verbreitung: Mittel-, West- und Südeuropa. In Deutschland in den westlichen und nördlichen Bundesländern häufig, nach Osten seltener.
Lebensweise: An sonnigen Waldrändern, auf Laubbäumen, Stauden und Gebüschen, auch in Gärten; Pflanzenfresser; nutzt breites Spektrum von Pflanzen. Die Männchen erzeugen mit ihren Flügelstummeln kurze, kaum hörbare Laute mit großen Ultraschallanteilen.
Ökofaktor: Anspruchsloser Pflanzenfresser, Kulturfolger, häufig, nicht gefährdet.
Ähnliche Arten: Gestreifte Zartschrecke, *Leptophyes albovittata*, und Laubholz-Säbelschrecke, *Barbitistes serricauda*.

Gemeine Strauchschrecke

Pholidoptera griseoaptera
Laubheuschrecken, Tettigoniidae

Männchen

Weibchen

Körperlänge: 13–20 mm
Merkmale: Beide Geschlechter mit weitgehend rückgebildeten Flügeln, flugunfähig; Eiablageröhre des Weibchens halb so lang wie der Körper, sichelförmig nach oben gekrümmt.
Färbung: Grundfarbe grau- bis dunkelbraun (seltener rot- oder gelbbraun), mit deutlich gelber Bauchseite; Halsschild seitlich sehr schmal weiß gerändert.
Verbreitung: Von Nordspanien bis zum Kaukasus, vor allem in Mitteleuropa häufig, nach Nord- und Südeuropa hin seltener; v. a. in Lagen unter 1.000 m.
Lebensweise: Die Art benötigt wenig Wärme und besiedelt unterschiedliche Lebensräume mit mittelhoher und hoher Vegetation, z. B. Waldränder, Hecken, dichte Ufervegetation, Wiesen, Gebüsche in Parks und Gärten, meidet jedoch sandigen Untergrund. Die Larven ernähren sich anfangs nur von Pflanzen, die Erwachsenen sind hauptsächlich Räuber und fressen kleine Insekten (Blattläuse und Raupen), seltener auch Pflanzen (Löwenzahn, Labkräuter und Brennnesseln). Trotz der sehr kurzen Flügel produziert das Männchen durch Stridulation kurze, schrille Laute; die Gesänge sind ab dem Nachmittag bis in die Nacht zu hören, auch bei feuchter Witterung und kühlen Temperaturen, zuweilen sogar bei Nachtfrösten.
Ökofaktor: Die Art stellt wenige Ansprüche an ihren Lebensraum; vertilgt Pflanzenschädlinge; nicht gefährdet.
Ähnliche Art: Alpen-Strauchschrecke, *Pholidoptera aptera* (größer: 19–25 mm, dunkler gefärbt und hauptsächlich in höheren Lagen anzutreffen: 900–1700 m).

Maulwurfsgrille

Gryllotalpa gryllotalpa
Maulwurfsgrillen, Gryllotalpidae

Körperlänge: 35–50 mm
Merkmale: Körper gedrungen; Vorderbeine zu kräftigen Grabbeinen umgebildet; mächtiger Rückenschild; Vorderflügel kurz, Hinterflügel voll entwickelt, in Ruhe längs eingerollt; beide Geschlechter mit langen Anhängen (Cerci) am Hinterleibsende.
Färbung: Dunkel rotbraun bis braun-schwarz.
Verbreitung: Europa, Nordafrika, West-Asien.
Lebensweise: Maulwurfsgrillen sind flugfähig und können schwimmen. Die Art kommt auf lockeren Sand- oder Lehmböden mit niedrigem Bewuchs vor, häufig am Rand von Gewässern und in Gärten. Die Tiere legen etwa fingerdicke Wohnröhren unter der Erdoberfläche an. Sie ernähren sich von Insekten und deren Larven, Regenwürmern, aber auch von Pflanzenwurzeln. Die Stridulationsgesänge des Männchens sind ein langanhaltendes Surren, das vor allem am Abend im späten Frühjahr (Mai, Juni) hörbar ist.
Ökofaktor: Da sie in Gärten Schäden anrichten kann, ist die Maulwurfsgrille bei Gärtnern unbeliebt und wird oft bekämpft. Inzwischen gilt die Art als stark gefährdet.
Ähnliche Arten: Einzige Art der Familie Gryllotalpidae (Maulwurfsgrillen) in Mitteleuropa. Nicht verwechselbar.

Vorderbein als Grabbein ausgebildet

Hausgrille („Heimchen")

Acheta domesticus
Echte Grillen/Gryllidae

Männchen

Körperlänge: 16–20 mm
Merkmale: Vorderflügel bei beiden Geschlechtern etwa körperlang, Rücken- und Seitenfeld stehen in einem Winkel zueinander, sodass der Rücken und die Seiten von den Vorderflügel bedeckt werden. Männchen und Weibchen mit langen, schlanken Fortsätzen (Cerci) an der Hinterleibsspitze. Die Hinterflügel sind länger als die Vorderflügel und in Ruhestellung längs gefaltet. Die Art ist flugfähig, fliegt aber nur bei höheren Temperaturen.
Färbung: Grundfarbe gelb bis gelbbraun; Kopf und Halsschild mit deutlich dunkleren (dunkelbraunen oder schwarzen) Zeichnungselementen.
Verbreitung: Ursprünglich im Mittelmeerraum und in Asien verbreitet, inzwischen weltweit verbreitet.
Lebensweise: Lichtscheu, nachtaktiv, Allesfresser, bevorzugen tierische Nahrung und Nahrung mit hohem Wassergehalt (Lebensmittel, Abfälle, Aas); wärmeliebend, daher in Mitteleuropa vor allem in menschlichen Siedlungen, in Wohngebäuden, Gewächshäusern, Bäckereien, Müllkippen, Kompost. Die Stridulationsgeräusche der Männchen sind vor allem in der Dämmerung und bis in die Nacht zu hören.
Ökofaktor: Als Allesfresser und Kulturfolger weltweit verbreitet; Vorratsschädling. Hausgrillen werden weltweit, vor allem aber in Asien als Speiseinsekten genutzt; in Europa sind sie in gemahlener Form (Grillenmehl) erhältlich. Die Art ist nicht gefährdet, ist aber in einigen Ländern, z. B. den Niederlanden, aufgrund des Verlustes an Lebensraum (v. a. der fehlenden trockenen Rasen) selten geworden.
Ähnliche Art: Feldgrille, *Gryllus campestris* (schwarz, mit gelb gezeichneten Flügeln, tagaktiv, legen Erdröhren an; im südlichen Mitteleuropa häufiger).

Weibchen

Weinhähnchen

Oecanthus pellucens
Gryllidae: Oecanthinae (Blütengrillen)

Weibchen

Körperlänge: 10–15 mm
Merkmale: Körper langgestreckt, schlank, leicht abgeflacht; Flügel ungefähr so lang wie der Hinterleib; Eiablageröhre der Weibchen lang und nur schwach gebogen; beide Geschlechter mit langen Hinterleibsanhängen (Cerci), die beim Weibchen an der Eiablageröhre anliegen.
Färbung: Grundfarbe gelb-braun, ohne auffällige Zeichnungselemente, aber Körperoberseite und Schenkel der Hinterbeine mit dunkleren Flecken oder Punkten.
Verbreitung: In Ländern rund um das Mittelmeergebiet weit verbreitet; nördliche Verbreitungsgrenze verläuft durch Belgien, Niederlande, Deutschland (ca. in Höhe von Berlin) und Südpolen. In Deutschland vor allem in Weinbaugebieten (Name).
Lebensweise: Die Art kommt auf wärmebegünstigten Hängen mit höheren Kräutern und Stauden vor, auch auf Brachen und Ruderalflächen, meist in Lagen unter 400 m, in den letzten Jahren zunehmend auch in größeren Höhen. Ernährt sich von zartem pflanzlichen und tierischen Gewebe: Blüten- und Staubblätter, Blattläuse, Spinnen und Insektenlarven. Stridulationsgesang der Männchen vor allem nachts, besteht aus kurzen, aufeinanderfolgenden Silben, sehr laut, für das menschliche Ohr angenehm klingend.
Ökofaktor: Allesfresser.
Ähnliche Art: *Oecanthus dulcisonans*, Südeuropa; Gesang länger unterbrechungsfrei als beim Weinhähnchen.

Männchen

Gemeiner Grashüpfer

Pseudohorthippus parallelus
Feldheuschrecken, Acrididae

Männchen

Körperlänge: 13–23 mm, Weibchen etwas größer als die Männchen
Merkmale: Flügel bei beiden Geschlechtern meist kurz; diese Tiere sind flugunfähig. Gelegentlich treten flugfähige Exemplare mit langen Flügeln auf. Halsschild auf der Rückenseite mit Seitenkielen, die im vorderen Teil mehr oder weniger parallel verlaufen, nach hinten **ohne** scharfen Knick auseinanderweichen (Unterschied zum Nachtigall-Grashüpfer, S. 49).
Färbung: Sehr variabel, Grundfarbe grün, gelblich, braun oder rötlich.
Verbreitung: Ganz Europa, im Osten bis Sibirien, im Süden bis Nordafrika.
Lebensweise: Besiedelt unterschiedliche Lebensräume, kommt auf fast allen offenen, mäßig feuchten grasreichen Flächen vor, an Weg- und Waldrändern. Ernährt sich von Gräsern. Stridulation des Männchens durch Auf- und Abbewegung der Hinterbeine im Gleichtakt; produziert ca. 5 Silben pro Sekunde.
Ökofaktor: Häufigste heimische Heuschrecke; nicht gefährdet.
Ähnliche Art: Sumpfgrashüpfer, *Pseudochorthippus montanus*: ähnlich in Gestalt und Gesang, jedoch seltener.

Weibchen

Nachtigall-Grashüpfer

Chorthippus biguttulus
Feldheuschrecken, Acrididae

Männchen

Körperlänge: Männchen 13–22 mm; Weibchen 20–25 mm

Merkmale: Größe und Gestalt ähnlich wie beim Gemeinen Grashüpfer (S. 48), jedoch sind die Seitenkiele des Halsschildes winklig geknickt; vordere Flügelrandader mit einer Erweiterung nahe der Flügelbasis.

Färbung: Grundfarbe grau- bräunlich; mit hellem Flügelfleck; Körper variabel gefleckt, mit hellerer Unterseite; Seiten des Hinterleibs senkrecht schwarz-hell gestreift; Hinterleibsspitze bei beiden Geschlechtern auf der Oberseite oft rot gefärbt.

Verbreitung: Europa, Asien.

Lebensweise: Bevorzugt trocken-warme Standorte, oft mit sandigem Untergrund und offener, grasreicher Vegetation; auch auf Kahlschlägen und Brachen. Ernährt sich von Gräsern. Stridulationsgesang des Männchens besteht aus aneinandergereihten Strophen von je 2 --3 Sekunden Dauer, die in der Lautstärke zunehmen. Die Lautstärke kann dem Geräuschpegel der Umgebung angepasst werden.

Ökofaktor: Eine der häufigsten heimischen Heuschrecken, nicht gefährdet.

Ähnliche Arten: Brauner Grashüpfer, *Chorthippus brunneus*, und Verkannter Grashüpfer, *Chorthippus mollis*. Beide ähnlich in Gestalt und Färbung; die Arten sind v. a. am Gesang unterscheidbar.

Weibchen

Echte Tierläuse, Anoplura

Weltweit ca. 550 Arten bekannt; die tatsächliche Artenzahl wird auf ca. 1000 geschätzt. Körpergröße 1–14 mm. Körper stark abgeflacht; flügellos; Augen häufig reduziert; stechend-saugende Mundwerkzeuge; Beine zu Klammerbeinen umgebildet. Blutsaugende Außenparasiten an Säugetieren. Die Stiche lösen durch den Speichel, der beim Blutsaugen in die Wunde gelangt, starken Juckreiz aus. Entwicklung hemimetabol. Eier werden an die Haare ihrer Wirte geklebt. Zu den Echten Tierläusen gehören die bekanntesten Vertreter der Läuse, die Menschenläuse (Pediculidae).
Die Echten Tierläuse bilden zusammen mit den Haarlingen oder Federlingen, Mallophaga, die Ordnung der Lauskerfe, Phthiraptera.

Kopflaus

Pediculus humanus capitis
Pediculidae, Menschenläuse

Lebensweise: Auf die Kopfbehaarung des Menschen spezialisiert. Die Läuse halten sich mit ihren Klammerbeinen an den Haaren fest und legen dort ihre Eier („Nissen“) ab. Die Eier werden an den Haaren festgekittet und sind daher nur schwer zu entfernen. Die Larven schlüpfen wenige Tage nach der Ablage und sind bereits nach ca. 10 Tagen ausgewachsen. Übertragung erfolgt von Mensch zu Mensch (nicht über Haustiere) durch engen Kopfkontakt, daher häufig in Schulen und Kindergärten. Kopflausbefall ist meldepflichtig. Läuse benötigen häufige Blutmahlzeiten; ohne Nahrungsaufnahme überleben Läuse nur maximal 3 Tage. Läuse werden bis zu 30 Tage alt und legen in der Zeit ca. 300 Eier.
Ökofaktor: Ektoparasiten. Gesundheitliche Probleme können durch Aufkratzen der Kopfhaut an der juckenden Einstichstelle verursacht werden, da Läusekot (samt der darin enthaltenen Bakterien) in die Wunde gelangt und Infektionen auslösen kann.

Körperlänge: 1–3 mm
Merkmale: Körper abgeplattet, mit birnenförmigem Umriss, sehr kleine Augen, keine Flügel, Beine als Klammerbeine zum Festhalten an den Haaren des Wirts ausgebildet;
Färbung: Cuticula mehr oder weniger transparent, weiß bis gelb-bräunlich, nach Blutmahlzeiten scheint der Darmkanal durch die Außenhaut, und der Körper erscheint rötlich
Verbreitung: Weltweit.

Ähnliche Arten: Kleiderlaus, *Pediculus humanus humanus*. Die Art hat sich offenbar aus der Kopflaus entwickelt, und zwar ab dem Zeitpunkt, ab dem Menschen ihre Körper bekleideten); Filzlaus (*Phthirus pubis*) in Schambehaarung (vom Aussterben bedroht durch verbesserte Körperhygiene und Intimrasur); ferner: Hundelaus (*Linognathus setosus*) und Schweinelaus (*Haematopinus suis*).

Schnabelkerfe, Rhynchota oder Hemiptera

Diese große Insektengruppe umfasst Zikaden (Auchenorrhyncha, oder Cicadina), Pflanzenläuse (Sternorrhyncha), und Wanzen (Heteroptera). Weltweit sind über 100.000 Arten dokumentiert, davon ca. 8.000 in Europa und ca. 2.600 in Deutschland.
Charakteristisch für alle Arten sind die stechend-saugenden Mundwerkzeuge. Alle Zikaden und Pflanzenläuse sind ausschließlich Pflanzensauger, bei den Wanzen gibt es auch einige Blutsauger. Viele Arten aus allen 3 Gruppen sind Pflanzenschädlinge und teilweise Überträger von Pflanzenkrankheiten. Unter den blutsaugenden Arten der Wanzen ist die Bettwanze die bekannteste. Viele Zikaden und Wanzen ähneln in ihrer Körperform (gerundet, mit derben Vorderflügeln) den Käfern, sind von diesen aber u. a. durch den meist deutlich sichtbaren Saugrüssel unterscheidbar. Entwicklung hemimetabol.

Zikaden, Auchenorrhyncha oder Cicadina

Weltweit ca. 45.000 Arten, in Deutschland ca. 640
Antennen kurz, borstenförmig. Vorderflügel durchgehend häutig oder ledrig, in Ruhestellung schräg dachförmig über dem Hinterleib abgelegt. Saugrüssel entspringt hinten am Kopf. Kommunikation zwischen den Geschlechtern durch Schall- oder Vibrationssignale, die mit speziellen Organen (Tymbale) im Hinterleib erzeugt werden. Der Mechanismus ist ungefähr vergleichbar mit dem „Knackfrosch-Prinzip" – ein abgegrenzter Bereich des Außenskeletts wird durch Kontraktion von Muskeln nach innen gezogen; bei Entspannung der Muskeln springt der eingezogene Bereich in seine ursprüngliche Lage zurück, wobei ein „Klick" entsteht.
Zikaden verfügen über ein großes Sprungvermögen. Die Wiesenschaumzikade, *Philaenus spumarius* (6 mm Körperlänge) springt bis zu 70 cm hoch. Das entspricht einem mehr als 100fachen ihrer Körperlänge. Sie erreicht dabei eine 400–550fache Erdbeschleunigung (zum Vergleich: eine Kinderschaukel erreicht maximal eine 2,5fache Erdbeschleunigung).
Größte Art: *Megapomponia imperatoria* (Cicadidae), Körperlänge ca. 7 cm, Flügelspannweite 18 – 20 cm; Südostasien.
Kleinste Art: *Jassidaeus lugubris* (Delphacidae), Körperlänge ca. 1,5 mm; Mitteleuropa.

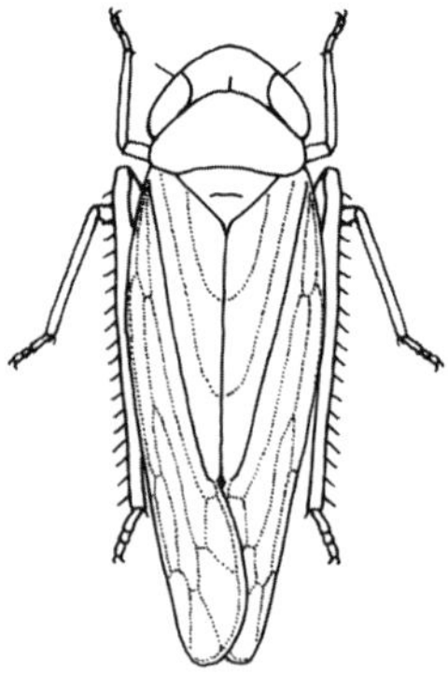

Echte Käferzikade

Issus coleoptratus
Käferzikaden, Issidae

Körperlänge: 6,1 –7,7 mm
Merkmale: Kompakte, käferähnliche Körperform, mit breitem, kurzem Kopf und gewölbten, robusten Flügeldecken; Larven mit deutlichem Schweif aus Wachsfaden an der Spitze des Hinterleibs.
Färbung: Variabel, grau-bräunlich, teilweise undeutlich gefleckt, mit kontrastierender, netzartiger Aderung der Deckflügel, Kopf breit und kurz.
Verbreitung: In Europa und Nordafrika weit verbreitet und häufig, auch in Siedlungsbereichen, Gärten und Parks.
Lebensweise: An unterschiedlichen Gehölzstandorten, an Laub- und Nadelbäumen, Sträuchern und Kräutern; auch an giftigen Pflanzen wie Efeu, Wacholder, Eibe und Liguster.
Ökofaktor: Harmloser Pflanzensaftsauger.
Ähnliche Arten: *Issus muscaeformis* (ähnlich gefärbt, aber sehr viel seltener; unterscheidet sich von *I. coleoptratus* durch ein deutlich abgesetztes cremeweißes Querband im unteren Drittel der Stirn); Nasenzikade *Mycterodus cuniceps* (Kopf deutlich über den Augenvorderrand hinaus verlängert und – in Seitenansicht – nach unten geneigt).

Issus Larve

Mycterodus cuniceps

Gemeine Blutzikade

Cercopis vulnerata
Blutzikaden, Cercopidae

Körperlänge: 9–11 mm
Merkmale: Körper länglich oval, mit auffälliger schwarz-roter Zeichnung.
Färbung: Körper schwarz, Deckflügel mit roter Zeichnung, hintere Flügelbinde spitzenwärts gebogen.
Verbreitung: Fast überall häufig.
Lebensweise: Auf feuchten und trockenen Wiesen, an Waldrändern, auf Brachen und Trockenrasen. Die Art meidet Mähwiesen. Die Larven saugen unterirdisch an Pflanzenwurzeln und umgeben sich mit einer Schaumhülle (siehe auch *Aphrophora alni*).
Ökofaktor: Pflanzensaftsauger; keine Schadwirkung.
Ähnliche Art: Bindenblutzikade *Cercopis sanguinolenta* (6–10 mm, hintere Flügelbinde fast gerade, seltener als *C. vulnerata*, nur an wärmebegünstigten Standorten, insbesondere Weinbauregionen).

Erlenschaumzikade

Aphrophora alni

Schaumzikaden, Aphrophoridae

Körperlänge: 8–10 mm

Merkmale: Tropfenförmiger Körperumriss, mit langen, nach hinten spitz zulaufenden Deckflügeln, die den Hinterleib vollständig bedecken.

Schaumnest der Larve („Kuckucksspeichel")

Färbung: Körper inklusive der Deckflügel braun-grau gesprenkelt, mit 2 hellen Flecken am Flügelvorderrand.

Verbreitung: Weit verbreitet und häufig.

Lebensweise: Die erwachsenen Tiere leben an verschiedenen Sträuchern und Bäumen (nicht nur Erlen), u. a. Weiden. Die Larven leben bodennah an krautigen Pflanzen, z. B. Blattrosetten von Löwenzahn, aber auch an Zweigen, umgeben von einer Schaumhülle („Kuckucksspeichel"). Dort findet die Häutung zum erwachsenen Tier statt; dieses verlässt das Schaumnest mit einem Sprung.

Ökofaktor: Pflanzensaftsauger; keine Schadwirkung.

Ähnliche Arten: Wiesenschaumzikade, *Philaenus spumarius*. Etwas kleiner als die Erlenschaumzikade: Körperlänge ca. 5 –7 mm. Sehr zeichnungsvariabel, Augen mit dunkler waagrechter Linie; die Art ernährt sich von einer Vielzahl von Gräsern und krautigen Pflanzen; Larven ebenfalls in Schaumhülle; sehr häufig.

Gemeine Birkenmasken-Zikade

Oncopsis flavicollis
Zwergzikaden, Cicadellidae

Körperlänge: 4,4–5,4 mm
Merkmale: Gedrungen wirkende Zwergzikade mit kurzem Scheitel und breitem Halsschild.
Färbung: Sehr variabel; vor allem bei den Weibchen finden sich viele Farbvarianten (von einheitlich dunkelbraun-schwarz über gelblich-braun gefleckt bis einheitlich gelb). Diese Varianten treten teilweise gemischt in einer Population auf.
Verbreitung: Weit verbreitet und häufig.
Lebensweise: auf Birken an verschiedenen Standorten, auf Hochmooren ebenso wie in Gärten.
Ökofaktor: Pflanzensaftsauger; keine Schadwirkung.
Ähnliche Arten: *Oncopsis „flavicollis“* bezeichnet vermutlich einen bisher noch unzureichend erforschten Artenschwarm. Weitere ähnliche Arten sind *O. subangulata*, *O. tristis* und *O. appendiculata*, alle ebenfalls auf Birken.

Rhododendron-Zikade

Graphocephala fennahi
Zwergzikaden, Cicadellidae

Körperlänge: 8,0–9,4 mm
Merkmale: Schlanke, relativ große Kleinzikade mit auffälliger Färbung.
Färbung: Körperoberseite leuchtend grün mit auffälligen roten Längsbändern auf den Deckflügeln, Kopf gelblich mit deutlicher schwarzer Querbinde am Vorderrand; Körperunterseite und Beine gelb.
Verbreitung: Ursprünglich in Nordamerika beheimatet, in den 1930er Jahren mit Rhododendron nach England eingeschleppt, seit den 1970er Jahren auf dem europäischen Kontinent etabliert, seitdem stetige Ausbreitung nach Osten (bis Ungarn) und Norden (bis Schweden).
Lebensweise: An Rhododendron, in Gärten und Parkanlagen lokal häufig. Adulte Tiere sind flugfreudig und daher auch auf anderen Gehölzen anzutreffen. Zur Eiablage stechen die Weibchen der Art Blütenknospen an und schaffen damit Einfallstore für einen Pflanzenkrankheitserreger.
Ökofaktor: Überträgt bzw. begünstigt das Auftreten des Pilzes *Pycnostysanus azaleae*, der zur Knospenfäule des Rhododendrons führt.
Ähnliche Arten: Die Art ist dank ihrer auffälligen Färbung unverwechselbar.

Leopardenblattzikade

Typhlocyba quercus
Zwergzikaden, Cicadellidae

Körperlänge: 3,0 –3,4 mm
Merkmale: Kleine, schlanke Art, mit langen, schmalen Flügeln und stark bedornten Schienen der Hinterbeine.
Färbung: Grundfarbe von Kopf von Deckflügeln weiß, mit orange-rotem und braunem Fleckenmuster.
Verbreitung: In Mitteleuropa weit verbreitet.
Lebensweise: Bevorzugt trockene Eichenwälder, Hecken und Gebüsche, z. B. Hainbuchen, kommt aber auch auf Obstbäumen (Kirschen, Pflaumen) vor.
Ökofaktor: Verursacht bei Massenauftreten Saugschäden auf Blättern von Eichen und Obstbäumen (erkennbar an weißlicher Sprenkelung).
Ähnliche Arten: Die Art ist aufgrund ihrer auffälligen Färbung und Zeichnung unverwechselbar.

Pflanzenläuse, Sternorrhyncha

Weltweit ca. 16.000 Arten, in Deutschland ca. 1.000.

Man unterscheidet 4 Unterordnungen: Blattläuse (Aphidina), Blattflöhe (Psyllina), Mottenschildläuse (Aleyrodina) und Schildläuse (Coccina). Die meisten Arten sind kleine (meist unter 10 mm) und unscheinbare Tiere, die jedoch in großen Populationsdichten auftreten können. Die bekannteste Gruppe sind die Blattläuse, die als Pflanzensaftsauger Schäden an zahlreichen Nutz- und Zierpflanzen verursachen. Ihre natürlichen Feinde sind u. a. Marienkäfer (Larven und erwachsene Tiere) und die Larven von Florfliegen und Schwebfliegen..

Blattläuse scheiden, wie andere Pflanzenläuse und Zikaden, überschüssige Flüssigkeit aus. Diese ist stark zuckerhaltig und wird als Honigtau bezeichnet. Sammelt sich Honigtau in großen Mengen auf Pflanzen an, entsteht ein klebriger Film, auf dem sich Rußtaupilze ansiedeln, die wiederum die Photosynthese beeinträchtigen und damit die Pflanze schädigen. Honigtau, den Bienen anstelle oder zusätzlich zu Nektar aufnehmen, stellt die Grundlage des sogenannten „Waldhonigs“ dar. Auch Ameisen profitieren von Honigtau und regen Blattläuse durch Betrillern zu dessen Ausscheiden an, worauf sie teilweise die zuckerhaltige Flüssigkeit direkt vom After der Blattläuse auflecken. Entsprechend kommen Blattläuse und Ameisen häufig gemeinsam vor. Die Blattläuse erhalten im Gegenzug von ihren Ameisen einen gewissen Schutz vor Fressfeinden. Ein interessanter Fakt: Die Erbsenblattlaus, deren Genom vollständig sequenziert wurde, besitzt 35.000 Gene (der Mensch nur ca. 25.500).

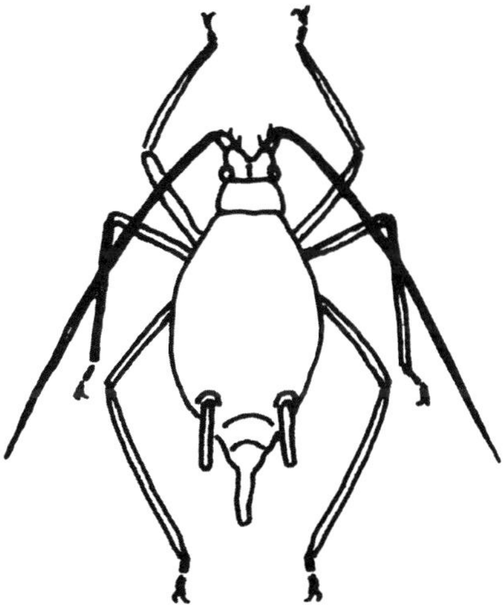

Erbsenblattlaus

Acyrthosiphon pisum
Röhrenblattläuse, Aphididae

Erwachsenes Weibchen (rechts) mit 3 Larven

Körperlänge: Erwachsene Tiere bis 3 mm lang
Merkmale: Körper zart, Antennen ungefähr so lang wie der Körper; erwachsene Tiere geflügelt oder ungeflügelt.
Färbung: Körper blass-gelblich bis hellgrün, manchmal auch rötlich, Augen rot, Antennenspitzen und Beine braun.
Verbreitung: Ursprünglich paläarktisch verbreitet, heute weltweit anzutreffen, sehr häufig.
Lebensweise: Pflanzensaftsauger an Hülsenfrüchten; geschlechtliche und ungeschlechtliche Fortpflanzung, die Weibchen sind lebendgebärend; Weibchen und Larven bilden Kolonien (subsoziale Lebensweise). Die erwachsenen Tiere besitzen an der Spitze des Hinterleibs ein „Schwänzchen", mit dem der aus dem After austretende Honigtautropfen „weggeschnippt" wird, dieses fehlt bei den Larven: Sie schleudern Honigtautropfen mit den Hinterbeinen weg. Erbsenblattläuse erkennen nahende Gefahr an der Wärme und Feuchtigkeit des Atems von Kühen und Ziegen und lassen sich fallen. Dabei ist der Fall aerodynamisch stabil, d. h. die Erbsenblattläuse landen fast immer bäuchlings auf den unteren Blättern von Pflanzen, während die oberen von den Huftieren beweidet werden.
Ökofaktor: Schädling an Nutzpflanzen, v. a. an Schmetterlingsblütlern (Erbsen, Ackerbohnen, Luzerne, Klee-Arten); Schadwirkung durch Befall (entzieht der Pflanze Nährstoffe), aber auch durch Übertragung von Viren und Bakterien, die bei der Pflanze Krankheiten bewirken können, sowie durch Honigtauansammlung mit nachfolgendem Pilzaufwuchs.
Ähnliche Arten: Arten der Röhrenblattläuse (650 Arten in Mitteleuropa) mit ähnlicher äußerer Gestalt und Färbung; sichere Bestimmung auf Artniveau nur anhand von Spezialliteratur.

Kopf von vorne mit Saugrüssel

Große Rosenblattlaus

Macrosiphum rosae
Röhrenblattläuse, Aphididae

Weibchen bei der Lebendgeburt einer Larve (rechts)

Körperlänge: 3–4 mm
Merkmale: Körper spindelförmig, mit 2 auffallend langen Siphonen (röhrenförmige Organe auf der Oberseite des Hinterleibs), Antennen so lang oder länger als der Körper.
Färbung: Kopf und Antennen stets schwarz, Körper grün oder rötlich.
Verbreitung: Weltweit, außer in Ost- und Südostasien, in Deutschland überall sehr häufig.
Lebensweise: Im Herbst massenhaftes Auftreten an den Triebspitzen von Rosen; dort werden die relativ großen (1,3 mm langen), schwarzen Eier abgelegt, aus denen im Frühjahr weibliche Tiere schlüpfen. Diese bringen durch ungeschlechtliche Vermehrung (Parthenogenese) mehrere Generationen hervor. Bei Auftreten von geflügelten Männchen und Weibchen kommt es zu geschlechtlicher Vermehrung. Oft ist damit ein Wechsel der Wirtspflanzen verbunden, und zwar auf Kardengewächse (z. B. Witwenblumen, *Knautia*-Arten, und Skabiosen, *Scabiosa*-Arten) und Baldriangewächse (z. B. Baldrian, Valeriana, Spornblume, *Centranthus* und Feldsalat, *Valerianella*).
Ökofaktor: Pflanzensaftsauger, Schädling an Zier- und Nutzpflanzen.
Ähnliche Art: Grünstreifige Kartoffellaus, *Macrosiphum euphorbiae*, an Kartoffel.

Befall einer Rosenknospe

Wanzen, Heteroptera

Weltweit ca. 40.000 Arten, davon ca. 1.000 in Deutschland.
Vorderflügel nur in der körpernahen Hälfte stärker verhärtet und ledrig, in der Spitzenhälfte häutig und transparent; in Ruhestellung meist flach über dem Rücken zusammengelegt. Die meisten Arten sind Pflanzensaftsauger, zahlreiche Arten sind Räuber, und nur wenige Arten sind Blutsauger an Wirbeltieren. Wanzen besiedeln Lebensräume an Land, im Süßwasser, und einige wenige Arten sind sogar auf dem offenen Ozean anzutreffen.
Größte Arten: Arten der Wasserwanzen-Familie Belostomatidae, *Lethocerus grandis* und *Lethocerus maximus*, Südamerika, Körperlänge bis 11 cm. Die Tiere sind Lauerjäger und saugen auch große Beutetiere aus, z. B. Fische, Entenküken und Giftschlangen.
Kleinste Arten: Körperlänge 1,2–3 mm, z .B. *Myrmedobia coleoptrata*, Vertreter der Flechtenwanzen (Microphysidae), lebt an Baumstämmen zwischen Flechten und Moosen.

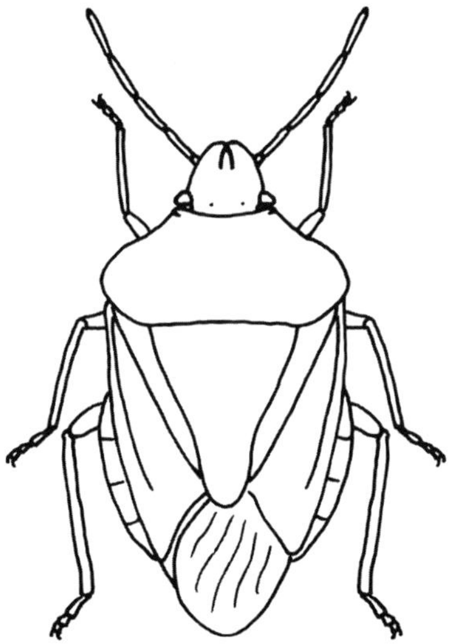

Gemeiner Wasserläufer

Gerris lacustris
Wasserläufer, Gerridae

Körperlänge: 8–10 mm
Merkmale: Körperform schmal, Mittel- und Hinterbeine setzen weit hinten am Körper an und sind kreuzförmig ausgebreitet; Vorderbeine sind deutlich kürzer und meist angewinkelt. Flügel vollständig entwickelt oder zurückgebildet. Die Antennen meist weniger als halb so lang wie der Körper.
Färbung: Körper vorwiegend schwarz, Rückenschild des 1. Brustabschnitts mit einem schmalen braunen Längsstreifen. Schenkel der Vorderbeine gelb mit 2 schwarzen Längsstreifen.
Verbreitung: In der Paläarktis weit verbreitet; in Deutschland ist *G. lacustris* die häufigste einheimische Wasserläufer-Art.
Lebensweise: Auf stehenden und langsam fließenden, meist kleineren Gewässern; fast überall sehr häufig. Wie bei allen Wasserläufern sind bei *Gerris lacustris* die Fußglieder der Mittel – und Hinterbeine mit feinen Härchen besetzt und wasserabweisend, sodass sich die Tiere gleitend auf der Wasseroberfläche fortbewegen können. Potenzielle Beute (z. B. ins Wasser gefallene kleinere Insekten) lokalisieren sie durch deren Vibrationen.
Ökofaktor: Räuberisch.
Ähnliche Arten: In Deutschland kommen 12 Wasserläufer-Arten (Gerridae) vor, die den Gattungen *Gerris*, *Aquarius* und *Limnoporus* angehören. Bei *Limnoporus*-Arten sind die Fühler länger als der halbe Körper.

Blumenwanze

Anthocoris nemorum
Blumenwanzen, Anthocoridae

Körperlänge: 3,5–4,5 mm
Merkmale: Körper in Aufsicht länglich oval.
Färbung: Körper schwärzlich, Flügel hellbraun mit dunklen Flecken.
Verbreitung: Vorkommen in ganz Europa, im Osten bis zum Kaukasus, Sibirien, über Zentralasien bis nach China; in Mitteleuropa weit verbreitet und in Deutschland eine der häufigsten Wanzenarten.
Lebensweise: Vorwiegend an krautigen Pflanzen, z. B. Brennnesseln, in halbschattigen und feuchten Standorten, wie an Wald- und Wegrändern, oft in Gärten; ernährt sich vorwiegend räuberisch, ihre Beute sind kleine, weichhäutige Insekten wie z. B. Blattläuse, Blattflöhe und Spinnmilben; gelegentlich sticht sie auch Menschen, vermutlich eher auf der Suche nach Feuchtigkeit als nach Blut.
Ökofaktor: Räuberische Art ohne Schadwirkung. Blumenwanzen der Gattung *Orius* werden zur biologischen Schädlingsbekämpfung (v. a. gegen Blattläuse und Fransenflügler, Thripse) eingesetzt.
Ähnliche Arten: Von anderen Blumenwanzen-Arten (in Deutschland insgesamt 48) teilweise schwer unterscheidbar.

Bettwanze

Cimex lectularius
Plattwanzen, Cimicidae

Körperlänge: 5–6 mm
Merkmale: Körper stark abgeflacht, breit, mit stummelförmigen Vorderflügeln, die Hinterflügel fehlen völlig.
Färbung: Rötlich-braun.
Verbreitung: Weltweit verbreitet und durch internationalen Reiseverkehr zunehmend häufiger, besonders in öffentlichen Gebäuden wie Hotels, Kinos, Krankenhäusern, aber auch in Matratzenlagern auf Berghütten in den Alpen.
Lebensweise: Nachtaktiv, versteckt sich tagsüber in Ritzen und Spalten, auch unter Tapeten, zwischen Bodendielen. Blutsauger an Menschen und Haustieren. Bettwanzen locken sich gegenseitig mit Geruchsstoffen (Aggregationspheromonen) an; bei Störung geben sie ein Alarmpheromon ab, sodass sich Wanzenansammlungen rasch auflösen. Eine Blutmahlzeit dauert bis zu 10 Minuten, dabei wird Blut bis zum 7fachen des Ausgangsgewichts aufgenommen. Der Stich löst Juckreiz aus; durch Aufkratzen kann es zu Hautinfektionen kommen. Bettwanzen kommen bis zu 40 Wochen ohne Nahrung aus.
Ökofaktor: Ektoparasit, Kulturfolger. Bekämpfung möglichst durch ausgebildeten Kammerjäger.
Ähnliche Arten: Schwalbenwanze, *Oeciacus hirudinis*, Fledermauswanze, *Cimex dissimilis*, Taubenwanze, *Cimex columbarius*.

Bettwanze beim Blutsaugen

Staub- oder Kotwanze

Reduvius personatus
Raubwanzen, Reduviidae

Körperlänge: 15–19 mm
Merkmale: Schmaler, flacher Körper; Kopf mit großen Komplexaugen, sehr dünnen Fühlern und kräftigem, gebogenen Saugrüssel.
Färbung: Erwachsene Tiere dunkelbraun bis schwarz; Körper und Beine der Jugendstadien sind mit klebrigen Haaren besetzt, an denen Schmutz- und Staubpartikel haften bleiben und den Tieren ein „schmuddeliges“ Aussehen verleihen, wodurch sie in der Bodenstreu gut getarnt sind.
Verbreitung: In Europa weit verbreitet, nicht selten.
Lebensweise: Nachtaktiver Räuber, in verschiedenen Lebensräumen: in hohlen Bäumen und unter der Rinde, oft im Siedlungsbereich anzutreffen, in und an Gebäuden, auch auf Müllplätzen. Die Art ernährt sich von kleineren Insekten, z. B. Silberfischchen, Käfern, sowie von Vorrats- und Materialschädlingen, auch von Bettwanzen. Die Beute wird mit den Vorderbeinen festgehalten, an deren Schienen sich spezielle Haftpolster aus dicht-stehenden Haaren befinden. In warmen Nächten fliegen erwachsene Tiere zu erleuchteten Fenstern und gelangen in Wohnungen. Der Saugrüssel wird auch zur Verteidigung eingesetzt; von Menschen wird der Stich der Staubwanze als sehr schmerzhaft empfunden.
Ökofaktor: Räuber und Schädlingsvertilger.
Ähnliche Art: Unverwechselbar.

Larve

Feuerwanze

Pyrrhocoris apterus
Feuerwanzen, Pyrrhocoridae

Körperlänge: 9–11,5 mm
Merkmale: Körper länglich oval, Vorderflügel verkürzt, ohne membranösen Endbereich.
Färbung: Auffällig rot und schwarz.
Verbreitung: In der Paläarktis weit verbreitet und häufig, auch in Städten, z. T. in Massen im unteren Stammbereich von Stadtbäumen (v. a. Linden, Robinien) anzutreffen, auch an Mauern oder Zäunen.
Lebensweise: Ernähren sich von pflanzlicher und tierischer Nahrung, auch Kannibalismus kommt vor. Nährpflanzen sind Malvengewächse (Linden, Eibisch). Die erwachsenen Tiere überwintern und sind bei warmen Temperaturen früh im Jahr aktiv.
Ökofaktor: Pflanzensaftsauger; keine Schadwirkung.
Ähnliche Arten: Arten mit auffälliger Rot-Schwarz-Färbung aus anderen Familien, u. a. die Zimtwanze, *Corizus hyoscyami* (Glasflügelwanzen, Rhopalidae) und die Ritterwanze, *Lygaeus equestris* (Bodenwanzen, Lygaeidae)

Ansammlung von erwachsenen Tieren und Larven

Lederwanze oder Große Randwanze

Coreus marginatus
Randwanzen, Coreidae

Körperlänge: 11–15 mm
Merkmale: Hinterleib gegenüber Brustabschnitt deutlich verbreitert, in Aufsicht oval.
Färbung: Körper unauffällig bräunlich-grau, Antennen auffällig gefärbt: 2. und 3. Fühlerglied orangefarben, Endglied kontrastierend, dunkelbraun.
Verbreitung: In Europa, Nordafrika und Asien weit verbreitet; in Deutschland die häufigste Randwanzenart.
Lebensweise: An Wald- und Wegrändern, an verschiedenen Ampfer-Arten, aber auch Knöterichgewächsen und Königskerzen.
Ökofaktor: Harmloser Pflanzensaftsauger.
Ähnliche Art: *Haploprocta sulcicornis*, ähnlich in Größe und Gestalt und ebenfalls an Ampfer lebend, aber mit rötlicher Färbung. V. a. im Mittelmeergebiet, in Deutschland sehr selten (in wärmebegünstigten Lagen im Bereich Nahe, Mosel, Mittel – und Oberrhein).

Nordamerikanische Zapfenwanze

Leptoglossus occidentalis
Randwanzen, Coreidae

Körperlänge: 16–20 mm
Merkmale: Körper schmal, abgeflacht, mit langen Beinen, Schienen der Hinterbeine blattartig verbreitert.
Färbung: Rotbraun, Beine mit schwarzen Sprenkeln, Seitenränder des Hinterleibs abwechselnd hell-dunkel gefärbt. Oberseite des Hinterleibs (nur sichtbar bei ausgebreiteten Flügeln) orangefarben.
Verbreitung: Ursprünglich in Nordamerika beheimatet, seit 2006 in Deutschland, zuerst in Berlin gesichtet, inzwischen in allen Bundesländern. Oft in Städten, aber auch außerhalb von Siedlungsbereichen.
Lebensweise: Die Zapfenwanze saugt an Früchten von Koniferen (z. B. Kiefer, Fichte, Douglasie, Tanne, Wacholder und Lebensbaum, *Thuja*). Die erwachsenen Tiere erscheinen im Sommer und suchen zur Überwinterung regelmäßig Wohnungen auf.
Ökofaktor: Harmloser Pflanzensaftsauger.
Unverwechselbar: Die Art ist an den verbreiterten Hinterschienen gut erkennbar.

Fleckige Brutwanze

Elasmucha grisea
Stachelwanzen, Acanthosomatidae

Ein Weibchen bewacht ihre Larven

Körperlänge: 6–9 mm
Merkmale: Rückenschild des 1. Brustabschnitts seitlich abgerundet; mit zahlreichen schwarzen Punktgruben auf der Oberseite, Unterseite des Hinterleibs ohne derartige Punkte.
Färbung: Grau, olivbraun (v. a. die Männchen), gelb- oder rotbraun (Weibchen); Seitenrand des Hinterleibs abwechselnd hell-dunkel gefärbt.
Verbreitung: In Europa und Sibirien weit verbreitet; in Deutschland sehr häufig.
Lebensweise: Pflanzensaftsauger, lebt auf kätzchentragenden Birken (*Betula* spec.) und Erlen (*Alnus* spec.), auch die Entwicklung der Larven findet dort statt. Die Eigelege werden auf die Blattunterseite gelegt, oft von 2–3 Weibchen auf demselben Blatt. Die Art zeigt ein stark ausgeprägtes Brutpflegeverhalten: die Weibchen bewachen gemeinsam die Eigelege und die Larven bis zu 3 Wochen nach dem Schlüpfen und verteidigen diese gegen Fressfeinde und Parasitoide mit Flügelschwirren und einem Wehrsekret.
Ökofaktor: Pflanzensaftsauger; keine Schadwirkung.
Ähnliche Arten: Heidelbeerwanze, *Elasmucha ferrugata* und Gezähnte Brutwanze, *Elasmucha fieberi*. Beide Arten sind in Deutschland selten und unterscheiden sich von der Fleckigen Brutwanze durch die seitlich spitz auslaufenden Ecken des Rückenschildes des ersten Brustabschnitts (*E. ferrugata*) und die unregelmäßig und kräftig schwarz punktierten Bauchseite (*E. fieberi*).

Streifenwanze

Graphosoma italicum
Baumwanzen, Pentatomidae

Erwachsenes Tier

Körperlänge: 8,5–11 mm
Merkmale: Körper gedrungen und nur wenig länger als breit. Rückenschild des mittleren Brustabschnitts (Scutellum) vergrößert; es verdeckt den größten Teil der Flügel und erreicht das Hinterende.
Färbung: Erwachsene Tiere auf der Rückenseite auffällig rot-schwarz gestreift (Warnfärbung, siehe unten), auf der Unterseite rot mit schwarzen Punkten; Jugendstadien unauffällig gefärbt, bräunlich gefleckt, mit hellem Längsstreifen in der Mitte von Kopf und Brustabschnitt.
Verbreitung: Westpaläarktis, in Deutschland (seit 1990) überall häufig, oft in Gärten.
Lebensweise: Auf Ruderalflächen und an Wegrändern, besaugen die reifenden Samen ihrer Wirtspflanzen: Doldenblütler (Apiaceae), u. a. Giersch, Möhren, Pastinaken, Fenchel, Dill. Die erwachsenen Tiere kommunizieren durch niederfrequente Vibrationssignale, die im Bauchraum erzeugt werden und über die Nährpflanzen übertragen werden. Zur Abschreckung von Fressfeinden produzieren die erwachsenen Tiere ein Wehrsekret in Drüsen des hinteren Brustabschnitts. Dieses ist auch für Menschen übelriechend, aber ungefährlich.
Ökofaktor: Pflanzensaftsauger, keine Schadwirkung.
Ähnliche Art: *Graphosoma lineatum*, nur in Nordafrika und Sizilien.

Larve

Grüne Stinkwanze

Palomena prasina
Baumwanzen, Pentatomidae

Färbung: Bei erwachsenen Tieren Kopf, Brust und die vorderen Bereiche der Flügel leuchtend grün, mit winzigen schwarzen Punkten. Augen, äußere Antennenglieder sowie die Fußglieder rötlich gefärbt. Die Art macht im Laufe des Jahres einen Farbwechsel durch: die erwachsenen Tiere nehmen im Herbst allmählich eine braune bis rotbraune Farbe an und überwintern, wozu sie auch Innenräume von Gebäuden aufsuchen. Im Frühjahr kehrt die grüne Farbe zurück. Die Jugendstadien ebenfalls grün gefärbt, mit schwarz-weißer Zeichnung, jeweils unterschiedlich in den einzelnen Stadien.

Verbreitung: In der Paläarktis weit verbreitet und in Deutschland überall häufig.

Lebensweise: An Waldrändern, auf Wiesen und in Gärten, saugt an Beerenfrüchten, wie Himbeeren und Brombeeren, und ihr Wehrsekret hinterlässt dort einen unangenehmen Geschmack.

Ökofaktor: Beeren werden durch Geruchsstoffe der Grünen Stinkwanze ungenießbar.

Körperlänge: 11–14 mm

Merkmale: Körper abgeplattet, auffällig breites Rückenschild des 1. Brustabschnitts; Rückenschild des mittleren Brustabschnitts (Scutellum) vergrößert, erreicht nicht das Ende des Hinterleibs. Vorderrand des ersten Brustabschnitts gerade oder leicht nach innen gebogen. Das zweite Fühlerglied ca. so lang wie das dritte.

Ähnliche Art: *Palomena viridissima*, seltener als *P. prasina*, von dieser unterscheidbar durch den leicht nach außen gebogenen Vorderrand des ersten Brustabschnitts; auch ist das dritte Fühlerglied kürzer als das zweite.

Netzflügler oder Hafte, Neuroptera (= Planipennia)

Weltweit ca. 6.000 Arten, in Deutschland ca. 100. Hauptverbreitung in den Tropen und Subtropen.

Vier ungefähr gleichartige, häutige, dicht netzartig geaderte Flügel; lange Fühler; große, oft auffällig metallisch glänzende Komplexaugen. Beißende Mundwerkzeuge. Gestalt der erwachsenen Tiere sehr unterschiedlich: Einige Gruppen ähneln Schmetterlingen, andere Libellen oder sogar Gottesanbeterinnen. Entwicklung holometabol. Larven räuberisch, Mundwerkzeuge als Saugzangen ausgebildet, die Beute (andere Insekten, z. B. Ameisen) wird durch Gift aus Giftdrüsen getötet und vor dem Mund verdaut. Körper der Larven langgestreckt, deutlich segmentiert, schlank oder gedrungen; mit 3 Beinpaaren am Brustabschnitt.

Größte Arten: Tropische Vertreter der Ameisenlöwen (Myrmeleontidae), mit Vorderflügellängen bis zu 8 cm.

Kleinste Art: Arten der Staubhafte (Coniopterygidae), Vorderflügellänge 2 mm.

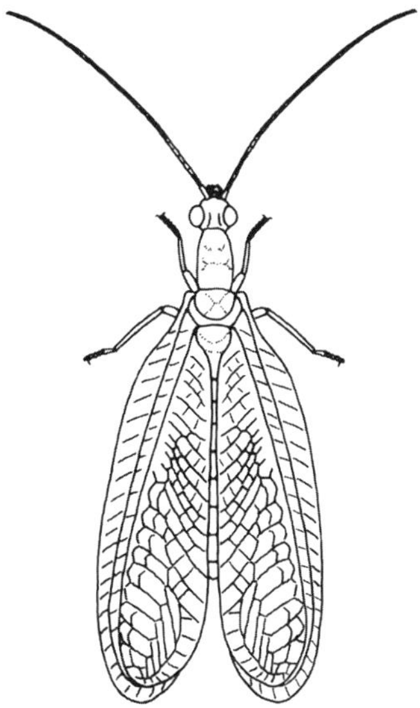

Gemeine Florfliege

Chrysoperla carnea
Florfliegen/Chrysopidae

Körperlänge: 9–11 mm, Flügelspannweite 15–30 mm

Merkmale: Körper schlank, die zarten, dicht netzartig geaderten Flügel dachförmig über den Hinterleib gelegt, überragen das Ende des Hinterleibs; dünne, fast körperlange Fühler.

Färbung: Körper und Flügeladern grün, im Winter gelb-braun, Flügel transparent, Augen auffällig, rot-golden.

Verbreitung: Weltweit (außer in Australien). Häufig, regelmäßig auch in Häusern (Überwinterung).

Lebensweise: Die erwachsenen Tiere ernähren sich von Pollen, Nektar und Honigtau (= Ausscheidungen von Blattläusen). Die erwachsenen Tiere überwintern in trockenem Laub, in hohlen Baumstämmen, oder an geschützten Orten in Gebäuden (Dachböden, Fensterritzen). Während der Überwinterung nehmen die Tiere eine gelb-braune Färbung an, färben im Frühjahr jedoch wieder nach grün um. Männchen und Weibchen erzeugen Vibrationen im Hinterleib, die über die Unterlage (Pflanzengewebe) übertragen werden. Nach der Paarung legt das Weibchen lang gestielte Eier in losen Gruppen in der Nähe von Blattlauskolonien ab. Die Larven leben räuberisch („Blattlaus-Löwe") und ernähren sich von Blattläusen und den Eiern und Larven von Spinnmilben. Während ihrer Entwicklung (Dauer ca. 8–18 Tage: vom Schlüpfen aus dem Ei bis zur Erwachsenenhäutung) frisst eine einzige Larve 200–500 Blattläuse oder bis zu 10.000 Eier sowie auch die Larven von Spinnmilben.

Ökofaktor: Die Larven werden als Nützlinge und im integrierten Pflanzenschutz eingesetzt.

Ähnliche Arten: Unter der Bezeichnung „*Chrysoperla carnea*" verbergen sich vermutlich mehrere kryptische Arten, die sich nicht oder kaum in der Gestalt, jedoch durch die spezifischen Vibrationsmuster („Stille Gesänge") unterscheiden.

Totes Blatt

Drepanepteryx phalaenoides
Taghafte/Hemerobiidae

Körperlänge: 11–16 mm, Flügelspannweite 22–32 mm
Merkmale: Flügelstellung in Ruhe steil dachförmig; (charakteristische Flügelform: vor der Flügelspitze mit deutlichem Ausschnitt); Flügeladerung und Färbung erinnern an ein welkes Blatt (Mimese); der Eindruck wird verstärkt durch Einziehen des Kopfes bei Störung (Tarnhaltung).
Färbung: Braun; Flügel mit dunkler Linienzeichnung erinnern an Blattadern.
Verbreitung: Europa, mit Schwerpunkt Mitteleuropa, vom Flachland bis in Hochlagen, in lichten Wäldern, Parks und Gärten. Die Art ist nicht selten, tritt aber jeweils nur in geringer Zahl auf. An warmen Sommerabenden (Juni) fliegen die erwachsenen Tiere zum Licht.
Lebensweise: Erwachsene Tiere und Larven ernähren sich bevorzugt von Blattläusen. Die Larven entwickeln sich an Laubbäumen und Sträuchern, u. a. Eiche, Ulme, Holunder, Obstbäume.
Ökofaktor: Blattlausvertilger.
Ähnliche Arten: *Drepanepteryx algida* (Vorderflügel vor der Flügelspitze doppelt sichelförmig eingebuchtet); *Micromus variegatus* (Flügelspitzen abgerundet, ohne Ausschnitt oder Einbuchtungen).

Puppe in ihrem Kokon

Gewöhnliche Ameisenjungfer

Myrmeleon formicarius
Ameisenjungfern/Myrmeleontidae

Färbung: Larven und erwachsene Tiere unauffällig bräunlich-grau; Flügel ohne markante Färbung oder Zeichnung.
Verbreitung: In ganz Europa (außer den Britischen Inseln) sowie in Teilen Asiens, bis Japan.
Lebensweise: Die erwachsenen Tiere sind dämmerungsaktiv. Sie leben räuberisch und ernähren sich von kleinen Insekten. Die Larven legen Trichter in lockerem Sandboden als Fallen für Ameisen und andere Insekten an. Die Art bevorzugt sonnige, trockene und sandige Stellen mit schütterem Pflanzenbewuchs, lichte Wälder und Wegränder, oft auch an Hausmauern.
Ökofaktor: Die Art ist gebietsweise häufig; allerdings schwindet durch den Rückgang der Lebensräume die Zahl der Populationen. Die Art steht unter Naturschutz.
Ähnliche Arten: In Mitteleuropa die Dünen-Ameisenjungfer, *Myrmeleon bore*, und die Gefleckflügelige Ameisenjungfer, *Euroleon nostras*, mit deutlicher Flügelzeichnung.

Körperlänge: 30–40 mm, Flügelspannweite 50–66 mm (erwachsene Tiere), Larven bis 17 mm Körperlänge
Merkmale: Erwachsene Tiere mit schlankem Körper und schmalen, glasartig durchsichtigen Flügeln mit Netzaderung; ähneln in ihrer Gestalt Libellen, allerdings sind die Fühler lang und deutlich sichtbar (bei Libellen kurz und borstenartig). Körper der Larven gedrungen, abgeflacht, stark beborstet; Kopf mit deutlich sichtbaren Saugzangen.

Larve („Ameisenlöwe")

Käfer (Coleoptera)

Weltweit ca. 380.000 Arten, in Mitteleuropa ca. 8.000 Arten, davon ca. 7.000 in Deutschland. Die Käfer sind die artenreichste Insektengruppe, sogar die artenreichste Tiergruppe überhaupt. Man unterscheidet 179 (!) Familien.

Kopf mit beißenden Mundwerkzeugen; Fühler hinsichtlich ihrer Länge und Form in den einzelnen Gruppen sehr unterschiedlich (z. B. von kurz und borstenförmig bis überkörperlang, von fadenförmig bis stark gekämmt); 1. Segment des Brustabschnitts frei beweglich; 2. Brustabschnitt reduziert, Reste als kleines, dreieckiges Schildchen erkennbar.

Vorderflügel als stark verhärtete, feste Flügeldecken ausgebildet, die auf dem Rücken in der Mittellinie zusammenstoßen und miteinander verfalzt sein können. Sie bedecken die häutigen Hinterflügel. Zum Flug werden die Vorderflügel lediglich angehoben, und die Hinterflügel übernehmen die aktive Rolle beim Fliegen. Entwicklung holometabol.

Außerordentlich vielgestaltig ist die Gruppe der Käfer hinsichtlich ihrer Ernährungsweise (Räuber, Aas- und Kotfresser, Pflanzenfresser: Pollen, Nektar, Blätter, Wurzeln, Holz) und ihrer Lebensräume (landlebende, höhlenbesiedelnde, wasserlebende Formen).

Größte Art: Riesenbockkäfer, *Titanus giganteus*, Körperlänge bis 17 cm; Brasilien. Größte mitteleuropäische Käferart: Hirschkäfer, *Lucanus cervus* (S. 81).

Kleinste Arten: Vertreter der Zwergkäfer (Ptiliidae), z. B. *Baranowskiella ehnstromi*, Körperlänge ca. 0,5 mm. Mitteleuropa (u. a. im Nationalpark Harz), in Fruchtkörpern von Baumpilzen.

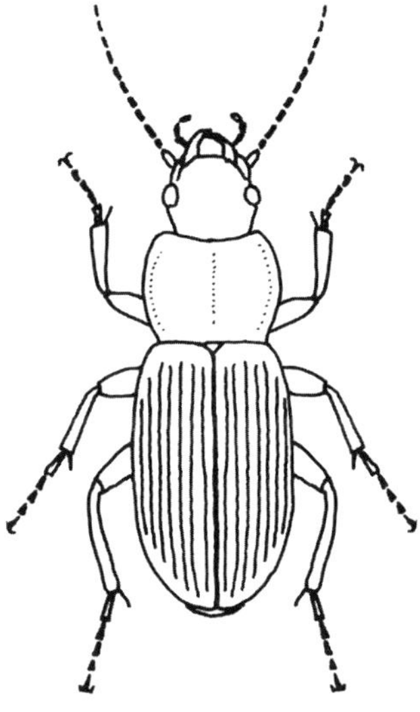

Goldlaufkäfer „Goldschmied“

Carabus auratus
Laufkäfer, Carabidae

Körperlänge: 17–30 mm
Merkmale: Wie fast alle Laufkäfer mit abgeflachter Körpergestalt, deutlich ausgeprägtem Winkel zwischen Halsschild und Deckflügeln; Flügeldecken gewölbt und seitlich gleichmäßig gerundet. Mandibeln (Oberkiefer) deutlich sichtbar.
Färbung: Kopf, Halsschild und Deckflügel grüngold bis kupferfarben, mit je 3 golden leuchtenden Längsrippen auf den Flügeldecken; die ersten 4 Fühlerglieder gelbrot gefärbt, die restlichen schwarz; Beine und Palpen der Mundwerkzeuge rot.
Verbreitung: West- und Mitteleuropa, im Osten bis nach Polen; die Art breitet sich jedoch zunehmen nach Osten hin aus.
Lebensweise: Wärmeliebend, v. a. in offenem Gelände, an Feld- und Wegrändern, auch in Gärten; vorwiegend tagaktiv, bevorzugte Beute sind Regenwürmer, die ihn an Körperlänge um ein Mehrfaches überragen
Ökofaktor: Gebietsweise häufiger Schneckenvertilger; die Art gilt als nicht gefährdet, zeigt aber fast überall einen starken Rückgang.
Ähnliche Art: Goldglänzender Laufkäfer, *Carabus auronitens* (mit schwarzen Längsrippen auf den Flügeldecken, nur 1. Fühlerglied gelbrot; vorwiegend nachtaktiv, kommt v. a. in Wäldern vor.

Schwarzer Moderkäfer

Ocypus olens
Kurzflügelkäfer, Staphylinidae

Körperlänge: 20–32 mm (größte heimische Kurzflügelkäfer-Art)
Merkmale: Wie fast alle Kurzflügelkäfer mit schlankem, langgestrecktem Körper, 1. Flügelpaar (Deckflügel) verkürzt, bedecken die darunter kompliziert gefalteten Hinterflügel vollständig; Kopf im Verhältnis zum Körper groß und mit nach vorne ausgerichteten Mundwerkzeugen; Körper sehr dicht punktförmig skulpuriert und schwarzen Borsten besetzt.
Färbung: Einheitlich mattschwarz.
Verbreitung: In Europa weit verbreitet.
Lebensweise: Bevorzugt feuchte Wäldern und deren Ränder, kommt aber auch auf Wiesen, Heiden, in Gärten und sogar auf Trockenhängen vor; flugfähig, nachtaktiv, hält sich tagsüber unter Steinen, Totholz, unter Baumrinde oder in der Bodenstreu auf; ernährt sich von kleinen Insekten und anderen Wirbellosen, wie z. B. Asseln, Würmern, Nacktschnecken. Fühlen sich die Tiere bedroht, krümmen sie den Hinterleib nach oben und vorn und spreizen die kräftigen Kiefer („Skorpion-Käfer“). Die Drohgebärde dient der Einschüchterung des Angreifers; zusätzlich kann der Schwarze Moderkäfer ein übelriechendes und stark bitter schmeckendes Wehrsekret (Iridodial) aus Drüsen am Hinterleib absondern.
Ökofaktor: Auf der Suche nach Beute gelangt der Käfer auch in das Innere von Gebäuden, wo er sich auch von Schimmelpilzen ernährt. Sein Vorkommen im Haus weist auf ein Schimmelpilzproblem infolge feuchter Stellen hin. Durch Trockenlegen der entsprechenden Bereiche wird der Käfer vertrieben.
Ähnliche Arten: Weitere Arten der Gattung *Ocypus*, die jedoch alle kleiner sind als der Schwarze Moderkäfer.

Schwarzer Schneckenjäger

Phosphuga atrata
Aaskäfer, Silphidae

Körperlänge: 10–16 mm
Merkmale: Körper breit und flach, in Aufsicht oval. Kopf deutlich abgesetzt, sehr schmal (wird bei Bedrohung unter den Halsschild zurückgezogen); Deckflügel mit deutlichen Längsrippen.
Färbung: Einheitlich schwarz, jüngere Exemplare braun.
Verbreitung: In Europa und Asien (im Osten bis Japan) weit verbreitet.
Lebensweise: Bevorzugt in feuchten Wäldern. Häufig an feuchten Stellen, unter Laub, unter loser Rinde, im Moos. Die erwachsenen Tiere und die Larven ernähren sich fast ausschließlich von Gehäuseschnecken – nach einem Biss in den Weichkörper zieht sich die Schnecke in ihr Gehäuse zurück, der Käfer verfolgt sie und beträufelt den Weichkörper mit Verdauungssekret. Die erwachsenen Tiere überwintern unter der Rinde liegender Baumstämme.
Ökofaktor: Schneckenvertilger. Nicht gefährdet.
Ähnliche Arten: Der Schwarze Schneckenjäger unterscheidet sich von verwandten Aaskäfern v. a. durch seinen auffällig schmalen Kopf.

Schneckenjäger frisst seine Beute

Hirschkäfer

Lucanus cervus
Schröter, Lucanidae

Männchen

Körperlänge: Männchen 3,5–8 cm, Weibchen 3–5 cm. Größte heimische Käferart

Merkmale: Männchen mit geweihartig vergrößerten Oberkiefern; Weibchen deutlich kleiner, mit normal ausgeprägten Oberkiefern. Körper langgestreckt, abgeflacht und Rückenseite leicht gewölbt. Wie alle Schröter-Arten mit geknickten Fühlern, die an ihrer Spitze eine einseitig gekämmte Keule tragen.

Färbung: Rotbraun bis Schwarz.

Verbreitung: Süd-, Mittel-, und Westeuropa, im Norden bis nach Südschweden.

Lebensweise: Bevorzugt lichte Eichenwälder, sonnige Waldränder, offene Landschaften wie Obstwiesen, Gärten, Parks, Alleen, auch in Dörfern und Städten. Die Larven benötigen zu ihrer Entwicklung Holz, das durch Pilzbefall teilzersetzt ist. Die Larvalentwicklung dauert 3–8 Jahre; die erwachsenen Tiere leben nur wenige Wochen. Hirschkäfer sind flugfähig (Hauptflugzeit Mitte Mai bis Ende Juni) und dämmerungsaktiv. Die Weibchen locken die Männchen mit Sexuallockstoffen an; rivalisierende Männchen veranstalten Kämpfe, wobei sie versuchen, mit ihrem Geweih (stark vergrößerte Oberkiefer) den jeweiligen Gegner vom Baum zu werfen. Die Oberkiefer spielen bei der Nahrungsaufnahme der Männchen keine Rolle mehr – die Männchen saugen bzw. lecken Pflanzensäfte. Die Weibchen, deren Oberkiefer normal ausgeprägt sind, helfen den Männchen, an Nahrung zu gelangen: Sie beißen Wunden in die Rinde von Laubbaumzweigen und lecken auch selbst von den austretenden Pflanzensäften.

Ökofaktor: Kulturfolger. Laut Roter Liste Deutschlands als „stark gefährdet" eingestuft; geschützte Art. Rückgang bedingt durch Verlust der Lebensräume, u. a. durch Nadelholzanpflanzungen und Stockrodung (Entfernung von Baumstümpfen, in denen sich die Larven entwickeln). Insekt des Jahres 2012.

Ähnliche Arten: Männchen durch „geweihartige" Kiefer unverwechselbar.

Nashornkäfer

Oryctes nasicornis
Blatthornkäfer, Scarabaeidae

Körperlänge: 2–4,3 mm (größte europäische Blatthornkäferart)
Merkmale: Kopf des Männchens mit einem langen, kräftigen, nach hinten gebogenen Horn; das Weibchen trägt an gleicher Stelle nur einen winzigen Höcker. Halsschild vorn muldenartig vertieft, im hinteren Bereich hochgezogen und mit gezähnter Querkante; Hinterkörper stark gewölbt. Körperoberfläche glatt, Flügeldecken mit feinen Punktreihen. Die Schienen (Tibien) der Beine sind zu Grabwerkzeugen umgestaltet: sie sind verbreitert, abgeflacht und außen grob gezähnt.
Färbung: Glänzend rotbraun bis schwarzbraun.
Verbreitung: Mittel- und Südeuropa, bis Südskandinavien und Baltikum, Nordafrika nördlich der Sahara, Kanarische Inseln bis nach Zentral- und Ostasien.
Lebensweise: Ursprünglicher Lebensraum ist weiches, zersetztes Holz (Mulm), z. B. im Innern von abgestorbenen Bäumen. In den ursprünglichen Wäldern Europas war Mulm weit verbreitet. Mit der Ausbreitung intensiver Forstwirtschaft fiel immer weniger Mulm an. Im Gegensatz zu vielen anderen Arten, die in der Folge ausstarben, gelang es dem Nashornkäfer, auf Lebensräume auszuweichen, die der Mensch geschaffen hat, z. B. Eichenlohe (Rinde und Blätter von Eichen, die bei der Gerberei eine Rolle spielen), Rindenmulch und Sägemehl. In Mitteleuropa meist in Gärten, Parks, Sägereien. Die Larven werden bis zu 10 cm groß und leben in hohlen Bäumen, Sägemehl und Komposthaufen. Sie sind in der Lage, mithilfe von symbiontischen Mikroorganismen (Bakterien), die in einer Gärkammer im Enddarm sitzen, Zellulose zu verwerten bzw. die Mikroorganismen selbst zu verdauen (Proteinquelle). Ihre Entwicklung zum erwachsenen Tier dauert 5 Jahre. Über die Ernährung der erwachsenen Tiere, die dämmerungs- und nachtaktiv sind, ist wenig bekannt. Die Männchen setzen ihr Kopfhorn bei Kämpfen mit Artgenossen um die Weibchen ein. Gelegentlich treten kleine Männchen ohne Horn auf, die sich unbemerkt von anderen Männchen, also kampflos, den Weibchen nähern können.
Ökofaktor: Kulturfolger. In Deutschland besonders geschützte Art.
Ähnliche Arten: Die Männchen sind durch das auffällige Kopfhorn unverwechselbar.

Gemeiner oder Goldglänzender Rosenkäfer

Cetonia aurata
Blatthornkäfer, Scarabaeidae, Unterfamilie Rosenkäfer, Cetoniinae

Körperlänge: 14–20 mm
Merkmale: Körper kräftig, in Aufsicht mit breit gerundetem und gewölbtem Halsschild; Seitenränder der Deckflügel gerade; Kopf relativ klein; Spitze der Fühler keulenartig verdickt; die Schienen aller Beinpaare mit grob gezähnter Außenkante. Anders als die meisten Käferarten fliegt der Goldglänzende Rosenkäfer mit geschlossenen Flügeldecken: die Vorderflügel besitzen eine charakteristische Ausbuchtung am Außenrand, durch die die Flügel seitlich herausgestreckt werden.
Färbung variabel: Oberseite metallisch grün bis bronzefarben glänzend, aber auch blaugrün, blau bis blauviolett; Körperunterseite rotgolden. Auch zweifarbige Individuen kommen vor, z. B. mit goldenem Halsschild und grün schimmernden Flügeldecken. Flügeldecken im hinteren Teil mit weißen Flecken und schmalen weißen Querstreifen.
Verbreitung: Europa. Im Norden bis Süd- bzw. Mittelskandinavien, im Osten über Kleinasien, Vorderasien und Sibirien bis nach Nordwest-China.
Lebensweise: Die Art bevorzugt Waldränder und offenes Gelände, auch in Gärten, überall recht häufig. Imagines häufig an Blüten, z. B. von Rosen, Obstgehölzen, Holunder, Weißdorn und an Doldenblütlern; die erwachsenen Tiere fressen Pollen und zarte Blütenteile oder lecken Nektar. Eier werden bevorzugt in modrigem Holz oder Komposthaufen abgelegt, wo sich die Larven entwickeln und sich von verrottenden Pflanzenteilen oder Holzmulm ernähren. Die Entwicklung der Larve zum erwachsenen Tier dauert 2 Jahre.
Ökofaktor: Bestäuber. Besonders geschützte Art, gilt jedoch nicht als gefährdet. Insekt des Jahres 2000.
Ähnliche Arten: Kupfer-Rosenkäfer, *Protaetia cuprea metallica*, leicht zu verwechseln.

Mausgrauer Sandschnellkäfer

Agrypnus murinus
Schnellkäfer, Elateridae

Körperlänge: 13–17 mm
Merkmale: Körper länglich oval; Halsschild breiter als lang, mit winkligen Hinterecken, Hinterrand in der Mitte mit zwei Höckern, deutlich von der Basis der Deckflügel getrennt. Schnellkäfer verfügen über einen charakteristischen „Schnell"-Mechanismus: landen sie auf dem Rücken, knicken sie die Vorderbrust gegen die Mittelbrust ab und haken sie dort mit einem kräftigen Dorn in einer länglichen Grube, die als Widerlager fungiert, ein. Anschließend wird die Vorderbrust durch einen starken Muskel nach hinten abgeknickt, sodass der Käfer eine Art „Hohlkreuz" macht. Wird die Arretierung der Vorderbrust dann durch Auslösemuskeln aufgehoben, entsteht eine Gegenkraft, die den Körper hochschleudert. Dieses Verhalten verblüfft offenbar auch Fressfeinde, z. B. Vögel. Die Neigung zum Schnellen ist beim Mausgrauen Sandschnellkäfer allerdings kaum ausgeprägt; bei Bedrohung stellen sich die Tiere stattdessen tot.
Färbung: Schwarzbraun, dicht mit unregelmäßig verteilten weißen und rotbraunen Schuppen besetzt, die erwachsenen Tiere erscheinen dadurch graubraun gefärbt.
Verbreitung: In der Paläarktis und Nordamerika weit verbreitet.
Lebensweise: Vorwiegend in offenem Gelände, auf Wiesenbrachen, unter Steinen und auf niedriger Vegetation. Die Larven leben räuberisch im Boden, verzehren Würmer und Insektenlarven.
Ökofaktor: Die erwachsenen Tiere können durch Fraß an (Nutz-)Pflanzenteilen schädlich werden. Die Larven („Drahtwürmer") vieler anderer Schnellkäfer-Arten ernähren sich von unterirdischen Pflanzenteilen (Wurzeln, Knollen) und können an Nutzpflanzen (v. a. Getreide, Mais, Hülsenfrüchten, Kartoffeln) erhebliche Schäden anrichten: sie bohren z. B. Gänge in Kartoffelknollen, die dadurch unverkäuflich werden.
Ähnliche Art: Seidenhaariger Schnellkäfer, *Prosternon tessellatum*. Die erwachsenen Tiere sind mit einer Körperlänge von 10–12 mm etwas kleiner als der Mausgraue Sandschnellkäfer.

Gemeiner Weichkäfer

Cantharis fusca
Weichkäfer oder Soldatenkäfer, Cantharidae

Körperlänge: 11–15 mm
Merkmale: Körper inkl. der Flügeldecken wie bei allen Weichkäfer-Arten wenig gepanzert, weich.
Färbung: Erwachsene Tiere mit kontrastreicher rot-dunkelgrauer Färbung. Auffälliger roter Halsschild mit schwarzem Fleck am Vorderrand; dunkelgraue Flügel; Hinterleib oberseits leuchtend orange-rot, unterseits schwärzlich. Larve dunkelbraun, samtig behaart.
Verbreitung: In Europa weit verbreitet.
Lebensweise: In Wäldern, an Waldrändern, Gebüschen und offenem Gelände (Wiesen, Felder); überall sehr häufig. Die erwachsenen Tiere leben vorwiegend räuberisch und fressen andere Insekten, u. a. Blattläuse, sind aber regelmäßig auch auf Blüten anzutreffen, deren Pollen sie fressen. Die Larven leben am Boden, fressen andere Insekten, aber auch Pflanzenteile. Larven sind kälteresistent und laufen im Winter über die Schneeoberfläche.
Ökofaktor: Zuweilen schädlich an jungen Triebspitzen und an Obstbaumblüten.
Ähnliche Arten: Unverwechselbar. Der Gemeine Weichkäfer unterscheidet sich von verwandten Arten durch seinen roten Halsschild und die dunkelgrauen Flügel.

Roter oder Rotgelber Weichkäfer

Rhagonycha fulva
Weichkäfer, Cantharidae

Männchen (links) und Weibchen (rechts) bei der Paarung

Körperlänge: 7–10 mm
Merkmale: Körper langgestreckt, schlank, schmaler als beim Gemeinen Weichkäfer.
Färbung: Halsschild einfarbig rot, Flügeldecken gelbbraun bis rostrot, mit schwarzen Spitzen.
Verbreitung: In Europa weit verbreitet, im Osten bis nach Sibirien.
Lebensweise: In Wäldern und in offenem Gelände, im Sommer häufig und oft in großer Zahl auf den Blüten von Doldenblütlern (z. B. Dill, Wilde Möhre) und anderen weißblühenden Pflanzen anzutreffen, fast immer verpaart, da die Paarung stundenlang dauert. Die erwachsenen Tiere verzehren Blattläuse und andere Pflanzenschädlinge, aber auch Blütenpollen. Die Larven fressen Insekten, u. a. bestimmte Raupenstadien („Heuwürmer") des Traubenwicklers, eines Nachtfalters, die die Blüten der Weinrebe befallen.
Ökofaktor: Häufigster Weichkäfer und einer der häufigsten einheimischen Käfer. Nützlinge im Weinbau.
Ähnliche Arten: Durch den einheitlich roten Halsschild und die schwarzen Spitzen der Flügeldecken von anderen *Rhagonycha*-Arten gut unterscheidbar.

Wollkraut-Blütenkäfer

Anthrenus verbasci
Speckkäfer, Dermestidae

Körperlänge: 2–3 mm, Larven bis 5 mm
Merkmale: Körper der erwachsenen Tiere rundlich-oval, abgeflacht; letztes Fühlerglied keulig verdickt. Körper der Larven langgestreckt, nach hinten verbreitert, auf dem Rücken mit Querreihen brauner, haarförmiger Borsten, von denen einige pfeilförmig ausgebildet sind und als „Brennhaare“ wirken können.
Färbung: Grundfarbe schwarz, Halsschild und Flügeldecken mit zahlreichen weißen und gelblichen Schuppenhaaren besetzt, die unregelmäßig begrenzte Flecken und Querbinden auf den Flügeldecken bilden.
Verbreitung: Weltweit, meist mit Menschen vergesellschaftet.
Lebensweise: Erwachsene und Larven ernähren sich von totem tierischen Gewebe, wie z. B. Chitin oder Horn. Sie richten dadurch v. a. in Insekten-, Vogelbalg- und Fellsammlungen beträchtlichen Schaden an und werden daher auch als Museumskäfer bezeichnet. Im Freiland auf Blüten, wo sie Pollen fressen, aber auch in alten Vogel- und Hummelnestern, häufig auch in Häusern anzutreffen, wo sie sich von den Überresten von Vorratsschädlingen und Textilien aus Wolle ernähren.
Ökofaktor: Wichtige Rolle beim Abbau von organischen Substanzen. Als Kulturfolger Materialschädling. Die Pfeilhaare der Larven können beim Menschen Allergien auslösen.
Ähnliche Arten: Kabinettkäfer, *Anthrenus museorum* (ähnliche Gestalt und Färbung wie der Wollkraut-Blütenkäfer, jedoch etwas größer und Färbung mit Braunanteil) und Teppichkäfer, *Anthrenus scrophulariae* (mit leuchtend rot beschuppter Flügelnaht).

Larve

Siebenpunkt-Marienkäfer

Coccinella septempunctata
Marienkäfer, Coccinellidae

Erwachsenes Tier mit Blattlauskolonie

Körperlänge: 5–8 mm
Merkmale: Körper der erwachsenen Tiere kompakt, halbkugelig gewölbt. Körper der Larven langgestreckt.
Färbung: Flügeldecken rot, mit insgesamt 7 schwarzen Punkten; Halsschild schwarz, mit 2 weißen Flecken seitlich am Vorderrand, Kopf zwischen den Komplexaugen mit 2 kleinen weißen Flecken. Grundfarbe der Larven blaugrau, mit kontrastierenden schwarzen Borstenfeldern und mit orangefarbenen Flecken auf dem Halsschild und an den Seiten des 1. und 4. Hinterleibsrings. Beine schwarz.
Verbreitung: Ursprünglich in Europa, Asien und Nordafrika verbreitet, inzwischen auch in Nordamerika, im Nahen Osten und in Indien.
Lebensweise: Die erwachsenen Tiere und die Larven ernähren sich fast ausschließlich von Blattläusen. Die Art ist überall häufig, auch in Gärten.
Ökofaktor: Die Art gilt aufgrund ihres Blattlauskonsums als Nützling in Gartenbau und Landwirtschaft, und wurde als eine der ersten Arten zur biologischen Schädlings-

bekämpfung eingesetzt. Insekt des Jahres 2006. Der Siebenpunkt-Marienkäfer gilt als der beliebteste Vertreter der Käfer und wird als Glückssymbol geschätzt. Aufgrund seiner Nützlichkeit für die Landwirtschaft wurde er als Geschenk der Muttergottes angesehen (Name!); außerdem gilt die 7 als magische Zahl, und die Farbe Rot wird mit „Liebe" assoziiert. Ähnliche Bedeutung hatten Marienkäfer wohl schon seit langer Zeit: aus der Dordogne (Frankreich) stammt ein ca. 20.000 Jahre alter, aus Mammutelfenbein geschnitzter Marienkäfer (ca. 1,5 cm groß), der vermutlich als Amulett getragen wurde.

Ähnliche Arten: Zahlreiche weitere Arten der Marienkäfer, aber aufgrund der markanten 7-Punkte-Zeichnung der Flügeldecken unverwechselbar.

Larve

Asiatischer Marienkäfer

Harmonia axyridis
Marienkäfer, Coccinellidae

Körperlänge: 6–8 mm

Merkmale: Körperform wie beim Siebenpunkt-Marienkäfer (und anderen Marienkäfern).

Färbung: Erwachsene Tiere sehr variabel gefärbt und gezeichnet – entweder mit gelben, roten oder orangefarbenen Flügeldecken und zahlreichen schwarzen Punkten, mitunter auch mit schwarzen Flügeldecken (dann mit roten Punkten). Halsschild meist mit schwarzer „W"-förmiger Zeichnung. Larven mit schwarzem Kopf- und Bruststück, Hinterleibsrand seitlich rot bzw. rotorange gefärbt.

Verbreitung: Ursprünglich im östlichen Asien beheimatet, inzwischen fast weltweit verbreitet (außer Australien).

Lebensweise: Die erwachsenen Tiere und die Larven fressen vorwiegend Blattläuse (pro Tier ca. 100–270 Blattläuse pro Tag), aber auch andere weichhäutige Insekten sowie Insekteneier und -larven. Die Hämolymphe des Asiatischen Marienkäfers enthält, wie auch bei anderen Marienkäfer-Arten, giftige und bitter schmeckende Substanzen, die bei Bedrohung durch weichhäutige Stellen, z. B. an den Beingelenken, abgegeben werden (Reflexbluten). Zur Überwinterung suchen die erwachsenen Tiere im Herbst geschützte Stellen aus, u. a. in Gebäuden, wo sie z. T. in großen Schwärmen auftauchen. Während der Winterruhe wird keine Nahrung aufgenommen. Der Asiatische Marienkäfer stellt ein Problem für den Weinbau dar: Zur Zeit der Weinlese übernachten die Tiere im witterungsgeschützten Bereich der Weintrauben. Bitterstoffe (Metoxypyrazine) von Marienkäfern können den

Weingeschmack beeinträchtigen, wenn die Tiere ins Lesegut geraten. Bereits 3–6 Tiere pro Kilogramm Weinbeeren können Fehltöne im Wein verursachen.

Ökofaktor: Blattlausvertilger. Die Art wird seit 1916 zur biologischen Schädlingsbekämpfung in vielen Gebieten (anfangs den USA, später Südamerika, Afrika und Europa) eingesetzt. Individuen entkamen entweder aus Gewächshäusern oder wurden mit Absicht im Freiland ausgesetzt, wo sie schnell Populationen etablierten. Der Asiatische Marienkäfer steht in Konkurrenz mit einheimischen Marienkäfer-Arten, wobei bis heute keine dieser Arten von ihm verdrängt wurde.

Ähnliche Arten: Aufgrund der sehr variablen Färbung Verwechslung möglich mit anderen Marienkäfer-Arten, insbesondere die Farbvariante „Rote Punkte auf schwarzen Flügeldecken", die gelegentlich in ähnlicher Ausprägung auch beim Zweipunkt-Marienkäfer, *Adalia bipunctata*, auftritt.

Farbvarianten des Asiatischen Marienkäfers

Mehlkäfer

Tenebrio molitor
Schwarzkäfer, Tenebrionidae

Körperlänge: 12–18 mm
Merkmale: Die erwachsenen Tiere ähneln in ihrer Gestalt einem Laufkäfer. Halsschild sehr breit und glatt; Kopf deutlich schmäler, Fühler zur Spitze hin leicht verdickt; Flügeldecken mit deutlichen Längsriefen. Die Larven sind als „Mehlwürmer" bekannt.
Färbung: Erwachsene Tiere dunkelbraun; Larven gelblich-braun.
Verbreitung: Weltweit, einer der häufigsten Kulturfolger.
Lebensweise: Die erwachsenen Tiere sind nachtaktiv und bevorzugen warme, dunkle Stellen. Sie ernähren sich von Getreide, Mehl, Backwaren und anderen stärkehaltigen Produkten, fressen aber auch andere Insekten und die eigenen Larven. Die Larven entwickeln sich im Freiland in morschem Holz und Mulm, in Gebäuden ernähren sie sich von Getreideprodukten, z. B. Mehl. Mehlwürmer werden als Futter für insektenfressende Vögel massenhaft gezüchtet. Seit 2021 sind Mehlwürmer als 1. Insekt in der Europäischen Union sogar als Lebensmittel zugelassen und finden als Snack oder Zutat in Protein- und Pastaprodukten sowie in Keksen Verwendung. Sie sollten jedoch nicht roh verzehrt werden, da sie ein Zwischenwirt des Zwergbandwurms dienen, der auch Menschen infizieren kann. Mehlwürmer sind in der Lage, Plastik zu verwerten; sie verzehren und zersetzen z. B. Polystyrol zu Kohlendioxid und verrottbarem Kot. Dieser gilt als wertvoller organischer Dünger; er fällt in großen Mengen bei der Zucht an..
Ökofaktor: Häufiger Kulturfolger, Vorratsschädling, aber auch Proteinquelle, Plastikverwerter und Düngemittellieferant.
Ähnliche Arten: Unverwechselbar.

Larven („Mehlwürmer")

Rothalsbock

Stictoleptura rubra
Bockkäfer, Cerambycidae

Körperlänge: 10–20 mm
Merkmale: Kopf hinter den Augen halsförmig eingeschnürt (Name!); Halsschild am Vorderrand deutlich verengt; Fühler leicht gesägt (beim Männchen deutlicher als beim Weibchen); Flügeldecken nach hinten verschmälert. Männchen insgesamt kleiner und schlanker als die gedrungen wirkenden Weibchen.
Färbung: Deutliche Unterschiede bei den Geschlechtern. Beim Weibchen Halsschild und Flügeldecken rot, beim Männchen Halsschild schwarz und Flügeldecken gelblich.
Verbreitung: In Europa weit verbreitet, ebenso in Nordafrika, Asien, östlich bis Sibirien; in Nordamerika eingeschleppt. Die Art kommt vom Tiefland bis in höhere Lagen vor.
Lebensweise: In Nadel- und Mischwäldern häufig. Die erwachsenen Käfer sind tagaktiv und oft auf blühenden Kräutern und Sträuchern, v. a. auf Doldenblüten anzutreffen, wo sie sich von Pollen, Staubblättern und Nektar ernähren. Die Eier werden in alten Fichten- oder Kiefernstubben abgelegt. Die Larve entwickelt sich über zwei Jahre in verrottendem Holz, von dem sie sich auch ernährt. Sie spielen eine wichtige Rolle beim Abbau von Totholz und befördern so die Humus-Bildung.
Ökofaktor: Einer der häufigsten heimischen blütenbesuchenden Bockkäfer-Arten; nicht gefährdet. Die Art gilt als Materialschädling an verbautem Holz, welches Kontakt zum Erdboden hat, z. B. an Telegrafenmasten, Pfählen oder Zäunen, aber auch Holzhütten. Befallen wird ausschließlich feuchtes Nadelholz.
Ähnliche Arten: Der Rothalsbock kann leicht mit ähnlichen Arten verwechselt werden, z. B. dem Schwarzspitzigen Halsbock, *Stictoleptura fulva*, und dem Rotflügeligen Halsbock, *Stictoleptura erythroptera*.

Lilienhähnchen

Lilioceris lilii
Blattkäfer, Chrysomelidae

Körperlänge: 6–8 mm
Merkmale: Kopf mit deutlich hervortretenden Komplexaugen; Halsschild schmal, mit parallelen Seitenrändern; Flügeldecken mit deutlichen Punktreihen.
Färbung: Halsschild und Flügeldecken leuchtendrot glänzend, Kopf und übriger Körper inklusive der Beine schwarz.
Verbreitung: Ursprünglich in Asien beheimatet, inzwischen in Eurasien weit verbreitet, von Sibirien bis nach Marokko, von Großbritannien bis nach China. In Nordamerika (Kanada) 1943 eingeschleppt.
Lebensweise: Die Art ist tagaktiv, die erwachsenen Tiere und die Larven ernähren sich v. a. von Lilien-Arten, darunter auch viele Gartenpflanzen, wie z. B. Riesen- und Prachtlilien, Schachbrettblumen, Kaiserkronen, aber auch

Schnittlauch. Die Tiere lokalisieren ihre Nährpflanzen anhand des Geruchs. Eier werden an der Unterseite der Laubblätter in Reihen abgelegt, die daraus schlüpfenden Larven haben einen höheren Nahrungsbedarf als die Erwachsenen und richten entsprechend mehr Schaden an. Die Larven tarnen sich durch die Ablage ihres eigenen Kots auf der Rückenseite; der After ist nach oben verlagert. Der Kotsack wirkt außerdem isolierend und schützt vor Hitze und Kälte. Bei Bedrohung lassen sich die erwachsenen Tiere fallen und stellen sich tot; sie sind durch ihre schwarze Unterseite kaum vom Untergrund zu unterscheiden. Außerdem produzieren die erwachsenen Tiere ein Zirpgeräusch, indem sie mit der Kante der Flügeldecken über quergeriefte Felder auf der Rückenseite des letzten Hinterleibssegments streichen. Das Zirpen dient der Verteidigung gegen Feinde, aber auch der Kommunikation zwischen den Geschlechtern.

Ökofaktor: Das Lilienhähnchen verursacht Schäden an Gartenpflanzen. Die Art ist sehr häufig und nicht gefährdet.

Ähnliche Arten: Maiglöckenhähnchen, *Lilioceris merdigera*. Diese Art besitzt jedoch im Gegensatz zum Lilienhähnchen einen roten Kopf und Rotfärbung an großen Teilen der Beine.

Larve des Lilienhähnchens

Prächtiger oder Goldglänzender Blattkäfer

Chrysolina fastuosa
Blattkäfer, Chrysomelidae

Körperlänge: 5–6 mm
Merkmale: Körper oval, gedrungen; Spitze der Fühler leicht verdickt; Flügeldecken punktiert, Punkte in Längsreihen angeordnet.
Färbung: Körper metallisch-glänzend in den Farben Blau, Grün, Rot und Violett. Die Verteilung der Farben variiert von Tier zu Tier: Neben mehr oder weniger einheitlich grünblauen Exemplaren kommen außerordentlich bunt schillernde Individuen vor, jedoch sind meist blaue Längsstreifen auf den Flügeldecken (einer entlang der Mitte und zwei seitliche) und zwei blaue Felder auf dem Halsschild vorhanden. Beine grün glänzend.
Verbreitung: In Europa weit verbreitet.
Lebensweise: Vorwiegend in offenem, buschreichem Gelände, auf Hecken, Ackerbrachen, Wiesen, Waldrändern. Larven und erwachsene Tiere ernähren sich bevorzugt von Lippenblütlern, wie z. B. Taubnessel-Arten, Hohlzahn-Arten. Die Larven sind nachtaktiv und fressen in frühen Stadien Samen und Blütenkelche, später auch an der Unterseite von Blättern. Tagsüber verstecken sie sich in Samenkapseln. Die Imagines sind tagaktiv und fressen die Blätter der Lippenblütler.
Ökofaktor: Pflanzenfresser, keine Schadwirkung.
Ähnliche Arten: Andere *Chrysolina*-Arten, z. B. *Chrysolina cerealis* (an Thymian und Süßgräsern).

Kartoffelkäfer

Leptinotarsa decemlineata
Blattkäfer, Chrysomelidae

Körperlänge: 7–11 mm
Merkmale: Körper stark gewölbt; Halsschild breit.
Färbung: Gelbe Flügeldecken mit insgesamt 10 schwarzen Längsstreifen, Kopf und Halsschild gelbrot mit unregelmäßigen dunklen Flecken. Körper der Larven rot-orange, an den Seiten mit je 2 Reihen schwarzer Punkte.
Verbreitung: Ursprünglich Zentralmexiko und Nordamerika, in Europa gegen Ende des 19. Jahrhunderts eingeschleppt (tauchte 1877 erstmals in den Häfen von Rotterdam und Liverpool auf), seit den 1920er Jahren rasche Ausbreitung nach Osten, inzwischen bis in den Fernen Osten verbreitet.
Lebensweise: Larven und erwachsene Tiere ernähren sich ausschließlich von Kartoffelblättern auf Feldern und in Gärten. Die gelben Eier werden in Gruppen von 20–80 auf den Unterseiten der Blätter abgelegt. Die Art bringt 2 Generationen pro Jahr hervor und ist gebietsweise sehr häufig.
Ökofaktor: Große Schadwirkung auf Kartoffelfeldern, da die Käfer in Europa keine natürlichen Feinde haben und sich ungehindert vermehren können. Zur Bekämpfung des Kartoffelkäfers mit biologischen Verfahren wurde 1948 in Darmstadt das „Institut für Kartoffelkäfer-Forschung und –Bekämpfung" gegründet und damit der Grundstein für die biologische Pflanzenschutzforschung in Deutschland gelegt.
Ähnliche Arten: Aufgrund der markanten gelb-schwarzen Streifenzeichnung der Flügeldecken unverwechselbar.

Schadwirkung durch erwachsene Tiere und Larven

Buchdrucker

Ips typographus
Borkenkäfer, Scolytinae

Körperlänge: 4–5 mm
Merkmale: Körper walzenförmig, gedrungen, nach hinten leicht verbreitert; Kopf nach unten geneigt, von oben nicht sichtbar, da er vom Halsschild überragt wird; Halsschild gleichmäßig gewölbt, lang behaart; Deckflügel dicht punktiert; Punktierung in Längsreihen angeordnet; hinterer Bereich der Deckflügel deutlich abgeschrägt („Flügelabsturz"), schräge Fläche muldenartig vertieft und beim Männchen jederseits von 4 kräftigen Zähnchen begrenzt.

Färbung: Die erwachsenen Tiere dunkelbraun, lang gelblich bis bräunlich behaart. Larven weißlich, mit gelblich-brauner Kopfkapsel.
Verbreitung: Überall dort, wo Fichten (Picea-Arten) angepflanzt werden, ursprünglich in feuchten und kühlen Klimazonen wie den Alpen und Hochlagen der Mittelgebirge.
Lebensweise: Erwachsene Männchen und Weibchen bohren sich in die Rinde v. a. von Fichten, aber auch von anderen Nadelbäumen und legen Längsgänge im Holz an. Das Männchen hilft beim Abtransport des Bohrmehls,

wobei es den Flügelabsturz (siehe oben) als Schaufelbagger einsetzt. Sobald die Tiere das nährstoffreiche Gewebe der Wachstumszone der Fichte erreicht haben, frisst das Männchen eine kammerartige Aushöhlung („Hochzeits- oder Rammelkammer"), in der anschließend die Paarung stattfindet. Die Weibchen legen einen sog. Muttergang in Faserrichtung an und legen die Eier an dessen Wänden ab. Die Larven fressen weitere Gänge (rechtwinklig zum Muttergang) und unterbrechen damit die Versorgung des Baums mit Nährstoffen, was zum Absterben des befallenen Baums führt. Bei Massenbefall treten mehrere Hundert Brutplätze pro Quadratmeter Rinde auf. Das für den Buchdrucker charakteristische Fraßbild ähnelt einem aufgeschlagenen Buch mit bedruckten Zeilen (Name!).

Ökofaktor: Rindenbrüter, in ungestörten Waldökosystemen wichtige Rolle beim Abbau von Holz. Bei Massenbefall infolge gehäuften Auftretens geschwächter Bäume (z. B. durch Wind- oder Schneebruch oder längere Perioden trocken-warmer Witterung) werden große Waldflächen zerstört. Der Buchdrucker gilt als bedeutender Forstschädling mit großer wirtschaftlicher Bedeutung.

Ähnliche Arten: Mehrere Borkenkäfer-Arten, wie z. B. der Kupferstecher, *Pityogenes chalcographus* besitzen einen ähnlichen Körperbau wie der Buchdrucker, unterscheiden sich jedoch in der Körpergröße und anderen Merkmalen, wie z. B. der Anzahl der Zähnchen am Flügelabsturz. Borkenkäfer-Arten lassen sich allerdings am besten durch das von ihnen verursachte Fraßbild bestimmen, das für jede Art charakteristische Muster aufweist.

Schadbild im Holz (Fraßgänge)

Gefurchter Dickmaulrüssler oder Breitmaulrüssler

Otiorhynchus sulcatus
Rüsselkäfer, Curculionidae

Körperlänge: ca. 10 mm, Larven ungefähr so groß wie die Erwachsenen
Merkmale: Körperform der erwachsenen Tiere kompakt; Körperoberfläche gekörnt; Kopf mit breiter, vorn quer abgestutzter Rüsselspitze; Deckflügel stark sklerotisiert, bilden zusammen in Aufsicht eine Ellipse; Schenkel aller Beine in der Mitte stark verdickt. Körper der Larven bauchwärts gekrümmt, beinlos.
Färbung: Körper auf der Oberseite schwarz mit dunkelbraunen Flecken (Erwachsene); Larven gelblich-weiß mit brauner Kopfkapsel.
Verbreitung: Ursprünglich aus Europa stammend, mit Pflanzenmaterial in andere Regionen und Kontinente (Nordamerika, Asien, Australien) verschleppt.
Lebensweise: Die Art kommt in gemäßigten Breiten vor. Die Larven fressen Wurzeln von krautigen Pflanzen und Sträuchern. Bei starkem Befall kommt es zur Welke, Kümmerwuchs oder Absterben der Pflanzen. Die erwachsenen Tiere sind dämmerungs- und nachtaktiv und fressen halbkreisförmige Einbuchtungen in die Blattränder (Buchtenfraß) von Nutz- und Zierpflanzen (u. a. Weinrebe, Erdbeeren, Azaleen, Kirschlorbeer, Hortensien, Rosen). Natürliche Feinde sind Spitzmäuse, Igel, Maulwürfe, Erdkröten, Laufkäfer, Spinnen; zur Bekämpfung der Larven werden Fadenwürmer (Nematoden) eingesetzt.
Ökofaktor: Bedeutender Schädling in den USA, Kanada, Neuseeland, Australien und Tasmanien.

Buchtenfraß

Grünrüssler

Phyllobius sp.
Rüsselkäfer, Curculionidae

Angehörige der Gattung Phyllobius gehören zu den häufigsten Rüsselkäfern in Deutschland. Die ca. 15 verschiedenen Arten sind schwer unterscheidbar.

Körperlänge: Alle Arten sind meist kleiner als 1 cm; die erwachsenen zwischen 5–10 mm.

Merkmale: Kurzer, dicker Rüssel, der von oben gesehen rechteckig erscheint; Flügeldecken deutlich breiter als der Halsschild; Schenkel aller Beine zur Schiene hin keulig verdickt.

Färbung: Die erwachsenen Tiere sind leuchtend grün oder bronzefarben beschuppt (Strukturfarbe).

Verbreitung: In der Paläarktis weit verbreitet.

Lebensweise: In Laubwäldern und Gebüschen überall häufig. Die Erwachsenen fressen an Blättern diverser Laubbäume, aber auch an Sträuchern und krautigen Pflanzen und Benagen die Knospen von Obstbäumen. Die bodenlebenden Larven ernähren sich von Baumwurzeln; bei zahlreichem Auftreten kann es zum Absterben von Jungbäumen kommen.

Ökofaktor: Schadwirkung an Obstbäumen.

Ähnliche Arten: Arten der Gattung *Polydrusus*, von diesen unterschieden durch die Lage und Form einer seitlichen Vertiefung im Rüssel (Fühlergrube), in der die Fühler eingelenkt sind.

Haselnussbohrer

Curculio nucum
Rüsselkäfer, Curculionidae

Körperlänge: 6–9 mm
Merkmale: Sehr langer, dünner, gebogener Rüssel (beim Männchen kürzer als der Körper, beim Weibchen ca. ebenso lang); die Fühler setzen kurz vor der Rüsselmitte an; Flügeldeckennaht mit deutlichem „Kamm“ aus längeren, abstehenden, haarartigen Borsten; Schenkel der Vorderbeine mit deutlichem Zahn.
Färbung: Körper gelbbraun beschuppt.
Verbreitung: Von Europa bis nach Vorderasien und Nordafrika. In Mitteleuropa häufig, vom Flachland bis ins Gebirge; in Großbritannien nur lokal.
Lebensweise: Gehört der ökologischen Gruppe der „Stecher“ an – die Weibchen stechen im Mai mit ihrem Rüssel (kauend-beißende Mundwerkzeuge an der Spitze) junge, noch weiche Haselnüsse an und legen ihr Ei (ein einziges pro Nuss) dort ab. Die Larven ernähren sich von der sich entwickelnden Nuss. Vor der Puppenhäutung muss die Larve ein Loch in die inzwischen voll ausgebildete, harte Schale der Haselnuss nagen; anschließend zwängt sie sich ins Freie und lässt sich auf den Boden fallen. Die Verpuppung erfolgt im Boden.
Ökofaktor: Die erwachsenen Tiere ernähren sich im Frühjahr von jungen Früchten, z. B. Kirschen, Birnen, erst später an den Blättern von Haselnusssträuchern. Haselnussbohrer können auf bewirtschafteten Obstplantagen zur Plage werden. Die Art gilt in Deutschland als nicht gefährdet.
Ähnliche Arten: Andere Arten der Gattung Curculio, v. a. *Curculio glandium* (Eichelbohrer).

Haselnussblattroller

Apoderus coryli
Blattroller, Attelabidae

Weibchen beim Zuschneiden eines Haselblatts

Zylinderförmige Haselblattrolle

Körperlänge: 6–8 mm
Merkmale: Kopf hinter den Augen verlängert, nach hinten schmal zulaufend und vor dem Halsschild halsartig verengt; Halsschild deutlich schmäler als die beiden Flügeldecken zusammen.
Färbung: Kopf schwarz; Halsschild, Flügeldecken und Schenkel aller Beine rot.
Verbreitung: Europa, Nordafrika, Asien. In Mitteleuropa von Mai bis September in Laubwäldern und Waldrändern mit Haselnusssträuchern.
Lebensweise: Gehört der ökologischen Gruppe der „Roller" an. Die Weibchen legen pro Blatt ein Ei (seltener 2) ab und fertigen anschließend einen Blattwickel an. Dazu schneiden die Weibchen ein am Strauch befindliches Haselnussblatt mit ihren Mundwerkzeugen im unteren Bereich zweimal ein und rollen es zu einer charakteristischen „Zigarre" zusammen; die aus dem Ei geschlüpfte Larve entwickelt und verpuppt sich im feuchten Milieu im Innern des Blattwickels. Der fertige Blattwickel wird vom Weibchen an der Blattspreite aktiv abgetrennt und fällt zu Boden.
Ökofaktor: Die Art ist in Deutschland nicht geschützt, gilt aber in einigen Regionen als „potenziell gefährdet".
Ähnliche Art: Eichenblattroller (*Attelabus nitens*), von diesem unterscheidbar durch die fehlende Kopfverlängerung zum Halsschild hin und den breiteren Halsschild (bei *A. nitens* fast so breit wie die beiden Flügeldecken zusammen).

Hautflügler, Hymenoptera (Blattwespen, Wespen, Bienen, Ameisen)

Weltweit ca. 153.000 Arten, in Deutschland ca. 10.000.
Die traditionelle Einteilung in Pflanzenwespen (Symphyta) und Taillenwespen (Apocrita) entspricht nicht den natürlichen Verwandtschaftsverhältnissen: nur die Apocrita bilden eine geschlossene Abstammungsgemeinschaft (Monophylum).
Merkmale: Mundwerkzeuge kauend-beißend oder leckend-saugend. Vorder- und Hinterflügel häutig; beide Flügel bilden während des Fluges eine einheitliche Tragfläche: der kleinere Hinterflügel verankert sich mit einer Häkchenreihe am Hinterrand des Vorderflügels. Körper der Pflanzenwespen ohne deutlichen Einschnitt zwischen Brustabschnitt und Hinterleib. Taillenwespen mit deutlicher Einschnürung des Hinterleibs nach dem 1. Hinterleibsring („Wespentaille"); Hinterleib dadurch sehr beweglich. Weibchen der Pflanzenwespen und mancher Taillenwespen mit teils sehr langer Eiablageröhre; bei vielen Taillenwespen ist der Legeapparat zu einem kurzen Giftstachel umgebildet und wird nicht mehr zur Eiablage, sondern als Wehrstachel gegen Feinde eingesetzt, oder um Beutetiere (Insekten, Spinnen), mit denen die Larven ernährt werden, durch Anstechen zu lähmen.
Lebensweise: Unter den Hymenopteren gibt es unterschiedlichste Ernährungsformen: Pflanzenfresser (Pollen, Nektar, Blattgewebe), Räuber, Parasiten (= Wirte überleben den Befall) und Parasitoide (= die Wirte überleben den Befall nicht).
Entwicklung holometabol. Larven der Pflanzenwespen raupenförmig, mit deutlich abgesetzter Kopfkapsel, mit 3 Brustbeinpaaren und mit bis zu 8 Bauchfußpaaren am Hinterleib. Larven der Taillenwespen madenförmig, mit weniger deutlich ausgeprägter Kopfkapsel, in der Regel beinlos.
Zahlreiche Arten betreiben intensive Brutfürsorge und Brutpflege, d. h. die Weibchen sorgen für optimale Entwicklungsbedingungen der Nachkommen vor und nach dem Schlüpfen aus dem Ei. Mehrfach unabhängig, d. h. in verschiedenen Evolutionslinien, wurden soziale Lebensweisen entwickelt. Am bekanntesten sind die „Staaten" der Bienen, Wespen und Ameisen, in denen die Individuen arbeitsteilig Aufgaben der Fortpflanzung, des Nestbaus und der Nahrungsbeschaffung übernehmen. Die Hautflügler sind hinsichtlich ihrer Biomasse und Individuendichte wohl die dominierende Gruppe der Insekten. Aufgrund ihrer Bestäubungsfunktion spielen sie eine wichtige Rolle in fast allen terrestrischen Ökosystemen. Parasitische und parasitoide Hautflügler-Arten begrenzen das Populationswachstum anderer Insekten und werden zur biologischen Schädlingsbekämpfung eingesetzt.
Größte Art: *Pepsis heros* (Wegwespen, Pompilidae), Körperlänge (Weibchen) bis 6.3 cm, Flügelspannweite 10–11 cm; Südamerika. Arten der Gattung *Pepsis* sind Vogelspinnen-Jäger.
Kleinste Arten: Trichogramma-Arten (Schlupfwespen der Familie Trichogrammatidae), Körperlänge unter 0,4 mm; weltweit. Feinde (Eiparasitoide) verschiedener Schadschmetterlinge, wie z. B. dem Maiszünsler; spielen wichtige Rolle beim Integrierten Pflanzenschutz.

Breitfüßige Erlenblattwespe

Nematus (früher: Craesus) septentrionalis

Echte Blattwespen, Tenthredinidae

Körperlänge: Erwachsene Tiere 7–11 mm. Larven ca. 2,5 cm

Merkmale: Körper länglich, mit parallelen Seitenrändern; Kopf ungefähr so breit wie der Körper, Fühler lang und deutlich gegliedert; Flügel durchsichtig; Schienen der Hinterbeine nach hinten verbreitert, ebenso das 1. Fußglied blattartig verbreitert. Larven raupenähnlich.

Färbung: Körper bei erwachsenen Tieren schwarz, mit roter Binde am Hinterleib; Schienen der Beine jeweils im vorderen Bereich hell, im hinteren Bereich dunkel. Körper der Larven grün, mit gelblichen Bereichen am Vorder- und Hinterende, und mit einer Reihe schwarzer Punkte an jeder Seite.

Verbreitung: Europa, v. a. in Mittel- und Nordeuropa weit verbreitet; in Nordamerika eingeschleppt (Grenzgebiet USA/Kanada).

Lebensweise: An Waldrändern und im offenen Gelände, mit Birkenbeständen sowie in Auwäldern und Erlenbrüchen recht häufig. Die Larven fressen gesellig an Blatträndern v. a. von Birke und Erle, aber auch von Pappel, Weide und Vogelbeere (Sorbus aucuparia); bei Störung nehmen sie synchron eine S-förmige Schreckhaltung ein.

Ökofaktor: Die Larven verursachen mitunter Fraßschäden an den Rändern von Birkenblättern; bei starkem Befall können Jungbäume kahlgefressen werden.

Ähnliche Arten: Die Larven von Blattwespen ähneln den Raupen von Schmetterlingen, sind von diesen jedoch durch die Anzahl der Beine unterscheidbar: Blattwespen-Larven besitzen 7 Bauchfußpaare (+ 3 Beinpaare am Brustabschnitt), Schmetterlingsraupen höchstens 5 Bauchfußpaare (+ 3 Beinpaare am Brustabschnitt).

Larven am Blattrand

Gemeine Rosengallwespe

Diplolepis rosae
Gallwespen, Cynipidae

Körperlänge: 3–4 mm
Merkmale: Erwachsene Tiere sind sehr klein und unscheinbar; zu erkennen an den von ihr verursachten „Schlafäpfeln". Diese meist rötlich, gelblich oder grünlich gefärbten, haarigen und kugeligen Gebilde sind Gallen, d. h. Gewebswucherungen der Pflanze als Reaktion auf einen fremden Organismus (z. B. Insekten, aber auch Milben). Die ca. 5 cm große Rosengalle bildet sich als Reaktion auf die Eiablage durch das Rosengallwespen-Weibchen in die austreibenden Blattknospen von Wildrosen. Sie enthält zahlreiche Kammern, in denen sich die Larven entwickeln.
Färbung: Erwachsene Tiere dunkelbraun bis schwarz, Hinterleib im vorderen Bereich rot.
Verbreitung: Gemäßigte Breiten der nördlichen Hemisphäre.
Lebensweise: An Waldrändern und in offenem Gelände an Wildrosen überall häufig.

Ökofaktor: Rosengallwespen in Gestalt ihrer Gallen spiel(t)en in der Volksheilkunde eine Rolle. Ihnen wird – wenn unter dem Kopfkissen platziert - eine schlaffördernde Wirkung zugeschrieben (vermutlich aufgrund der in ihrem Inneren „schlafenden" Larven).

Ähnliche Arten: Die Gallwespen (Cynipidae) sind eine artenreiche Insektengruppe (weltweit ca. 1. 400 Arten), die Tiere fast immer klein (die meisten Arten sind 1–3 mm groß) und unscheinbar. Sie lassen sich am besten anhand der von ihnen verursachten Pflanzengallen unterscheiden.

Aufgeschnittene Galle mit Gallenkammern

Rosengalle

Holzwespen-Schlupfwespe

Rhyssa persuasoria
Schlupfwespen, Ichneumonidae

Körperlänge: 18–35 mm. beim Weibchen zusätzlich mit körperlangem Legebohrer
Merkmale: Sehr große, schlanke Schlupfwespe; Legebohrer überragt den Hinterleib in Ruhestellung weit nach hinten. Hinterleib langgestreckt, walzenförmig, sehr beweglich. Antennen lang, fadenförmig.
Färbung: Körper schwarz mit kontrastierenden (creme-)weißen Zeichnungselementen am Kopf, den Segmenten des Brustabschnitts und mit Fleckenreihen auf den Rückschildern des Hinterleibs. Antennen rötlich-braun; Beine rot-orange.
Verbreitung: Auf der Nordhemisphäre (Holarktis) weit verbreitet; Eurasien, im Osten bis Japan, in Europa bis ins Mittelmeergebiet.
Lebensweise: Die Larven leben als Ektoparasitoide an Holzwespen-Larven (Siricidae). Holzwespen-Larven leben in ihren Fraßgängen im Holz von Nadelbäumen. Um das Holz verdauen zu können, bedienen sie sich eines Pilzes, der ihnen bei der Eiablage von der Mutter mitgegeben wird. Den Geruch dieses Pilzes nehmen wiederum die Weibchen von *Rhyssa persuasoria* wahr und suchen entsprechen gezielt solche Bäume auf, die von Holzwespen-Larven befallen sind. Die genaue Position der Holzwespen-Larve findet das Schlupfwespen-Weibchen, indem es die Rinde mit den Antennen abtastet. Hat es eine Holzwespen-Larve oder -Puppe entdeckt, biegt es den Hinterleib nach oben, sodass der Legebohrer senkrecht zur Holzoberfläche steht. Der lange dünne Legebohrer dringt durch das Holz, bis die Spitze Kontakt zur Holzwespen-Larve hat. Anschließend wird ein Ei in unmittelbarer Nähe zum Wirt abgelegt. Die daraus schlüpfende Larve verhakt sich mit den sichelförmigen Oberkiefern im Körper des Wirts und ernährt sich von dessen austretender Hämolymphe („Blut“). Erwachsene *Rhyssa* ernähren sich von Honigtau oder fressen an Kiefernnadeln; sie sind keine Blütenbesucher.
Ökofaktor: *Rhyssa persuasoria* ist ein natürlicher Gegenspieler der Blauen Fichtenholzwespe (*Sirex noctilio*). Diese ist in den gemäßigten Breiten der Paläarktis heimisch und richtet in ihrem ursprünglichen Verbreitungsgebiet nur geringen Schaden an. Die Art wurde jedoch mit Holzexporten nach Südamerika, Neuseeland und Australien eingeschleppt, wo sie sich zu einem wirtschaftlich relevanten Schädling in gepflanzten Kiefernkulturen entwickelte. Dort wird inzwischen die (zu diesem Zweck eingeführte) *Rhyssa persuasoria* zur biologischen Schädlingsbekämpfung eingesetzt.
Ähnliche Arten: Die Art ist auch für Nicht-Spezialisten gut bestimmbar. Weitere Arten der Gattung *Rhyssa* (von diesen durch Färbungsmerkmale unterscheidbar) und Arten der Gattungen *Rhyssella* und *Megarhyssa*.

Rote Waldameise

Formica rufa

Ameisen, Formicidae (Schuppenameisen, Formicinae)

Körperlänge: Königin und Männchen 9–11 mm, Arbeiterinnen 4,5–9 mm

Merkmale: Kopf mit kräftigen Kiefern; Hinterleibsstiel als kurze, aufrecht stehende Schuppe ausgeprägt; Hinterleib kugelig bis eiförmig; Halsschild mit haarförmigen Borsten besetzt.

Färbung: Kopf, Brustabschnitt und Beine teilweise rot gefärbt, Hinterleib schwarzbraun.

Verbreitung: In ganz Europa (von der Iberischen Halbinsel bis zum Baikalsee, vom Mittelmeergebiet bis zum Polarkreis) sowie in Kleinasien und im Kaukasus weit verbreitet.

Lebensweise: Die Rote Waldameise ernährt sich vorwiegend von anderen Gliederfüßern, aber auch vom Saft von Bäumen und Früchten sowie von Honigtau, den zuckerhaltigen Ausscheidungen von Blatt- und Schildläusen. Nach der Nestgründung in einem hohlen Baumstumpf errichten die Arbeiterinnen einer Kolonie aus Moos, kleinen Ästen und v. a. aus Fichtennadeln die charakteristischen Kuppelnester (bis 1 m hoch, Ausdehnung bis zu 3 m). Im Innern beherbergen die Nester ausgedehnte Gang- und Kammersysteme, in denen die Brut aufgezogen wird. Insgesamt leben zwischen 200 000 bis 2 Millionen Tiere in einem Nest, darunter einige Hundert fruchtbare Weibchen (Königinnen). Eine Königin legt pro Tag bis zu 300 Eier; sie kann bis zu 20 Jahre alt werden. Rote Waldameisen verfügen über eine Drüse im Hinterleib, aus der sie bei Bedrohung durch Fressfeinde Ameisensäure bis zu einem Meter weit verspritzen. Ameisensäure kann beim Menschen Allergien auslösen.

Ökofaktor: Die Art und ihre Nester sind in Deutschland nach der Bundesartenschutzverordnung besonders geschützt. Der Gefährdungsgrad variiert regional, von gering bis potenziell gefährdet.

Ähnliche Art: Andere *Formica*-Arten; im Gelände kaum zu unterscheiden.

Personenhoher Ameisenbau

Gemeine Rasenameise

Tetramorium caespitum
Ameisen, Formicidae (Knotenameisen, Myrmicinae)

Körperlänge: Königin 6–8 mm; Männchen 5–7 mm, Arbeiterinnen 2,5–4 mm
Merkmale: Hinterleibsstiel relativ lang, wie bei allen Knotenameisen aus 2 rundlichen Knoten zusammengesetzt; Brustabschnitt mit zahnartigen Hinterecken.
Färbung: Körper mehr oder weniger einheitlich dunkelbraun bis schwärzlich; Fühler, Beine und Oberkiefer gelblich-braun.
Verbreitung: In Europa weit verbreitet, von den Britischen Inseln bis West-Sibirien.
Lebensweise: Die Art kommt v. a. auf Sandböden im Flachland vor. Die Nester werden unter Steinen (im Garten oft unter Blumentöpfen) oder unterirdisch angelegt und sind am ausgeworfenen Material (flache Sandhäufchen) gut zu erkennen. Jeder Staat besteht aus einer einzigen Königin (monogyn) und bis zu 80.000 Arbeiterinnen. Die Gemeine Rasenameise ist kein aktiver Jäger; sie ernährt sich von toten Tieren, vorwiegend Insekten in allen Entwicklungsstadien sowie von Pflanzensamen (granivor), die ins Nest eingetragen werden, und von den zuckerhaltigen Ausscheidungen („Honigtau“) von im Boden lebenden Pflanzensaftsaugern wie z. B. verschiedenen Blatt- und Schildläusen.
Ökofaktor: Aas- und Samenfresser. Im Garten höchstens Lästlinge - der durch intensive Grabetätigkeit krümelig gewordene Boden führt mitunter zu vermindertem Bodenkontakt der Wurzeln und entsprechend zu Kümmerwuchs der Graspflanzen. Bei Störung zeigen Rasenameisen sehr aggressives Verhalten.
Ähnliche Arten: Die Gemeine Rasenameise gehört zu einem Komplex mehrerer eng verwandter Arten, die anhand äußerer Merkmale nicht präzise bestimmbar sind.

Gemeine Sandwespe

Ammophila sabulosa
Grabwespen, Sphecidae

Körperlänge: Weibchen 16–24 mm, Männchen 14–19 mm. Größte Sandwespenart in Europa.
Merkmale: Hinterleib an der Basis lang und schlank gestielt, zum Ende hin keulig verdickt; verdickter Bereich zweifarbig. Große Komplexaugen.
Färbung: Kopf und Brustabschnitt inkl. der Beine sowie erste Stielglieder des Hinterleibs schwarz, hintere Stielglieder und keulige Verdickung bis zur Mitte auffällig orangerot, hinterer Bereich schwarz mit blauem Schimmer.
Verbreitung: Europa und Asien, im Norden bis zum Polarkreis, im Osten bis zur Mongolei. Bis in Höhenlagen von 2.000 m.
Lebensweise: Die Gemeine Sandwespe bevorzugt sandige, vegetationsarme Lebensräume wie Sand- und Kiesgruben, spärlich bewachsene Straßenböschungen, auch im Siedlungsbereich. Die Art lebt solitär, bildet keinen Staat. Sie betreibt aufwändige Brutfürsorge, aber keine Brutpflege. Das Sandwespen-Weibchen gräbt ein Nest in den Boden. Es besteht aus einem Gang, an dessen Ende eine einzelne Zelle angelegt wird. Das Weibchen beseitigt den Sandaushub in der Umgebung des Nestes und verschließt den Nesteingang zunächst provisorisch mit Steinchen und Sand. Anschließend begibt sich das Weibchen auf Beutefang; bevorzugte Beutetiere sind die unbehaarten Raupen bestimmter Schmetterlingen (v. a. Eulenfaltern, Noctuidae, und Spannern, Geometridae). Diese werden durch Stiche gelähmt und ins Nest transportiert. Pro Nest werden 1–2 Raupen deponiert. Anschließend legt das Weibchen ein Ei und verschließt den Nesteingang, indem es den Boden um den Nesteingang senkrechtstehend mit dem Kopf oder mit einem Steinchen, das es in den Oberkiefern trägt, feststampft. Im Laufe seines Lebens legt ein Weibchen der Gemeinen Sandwespe bis zu 10 solcher Nester an. Die erwachsenen Tiere sind Blütenbesucher; sie ernähren sich von Nektar, aber auch von den zuckerhaltigen Ausscheidungen von Blattläusen.
Ökofaktor: Die Art ist in Mitteleuropa fast überall häufig und nicht gefährdet; die Populationsdichte ist jedoch gering.
Ähnliche Arten: Feldsandwespe, *Ammophila campestris*, Dreiphasen-Sandwespe, *Ammophila pubescens*, und andere Sandwespen-Arten (äußerlich unterscheidbar durch Merkmale in der Flügeladerung).

Gemeine Wespe

Vespula vulgaris
Faltenwespen, Vespidae

Körperlänge: Königin bis zu 2 cm, Arbeiterinnen 11–14 mm, Männchen 13–17 mm
Merkmale: Körper mit charakteristischer Einschnürung („Wespentaille"), dadurch Hinterkörper frei beweglich. An der Hinterleibsspitze mit Wehrstachel (ca. 2,6 mm lang), der bei Nichtgebrauch ins Körperinnere zurückgezogen ist. Facettenaugen nierenförmig; kräftige Oberkiefer. Flügel – wie bei allen Faltenwespen – in Ruhestellung längs gefaltet. Nest rundlich und gelblich-braun gefärbt, entweder unterirdisch oder in oberirdischen Hohlräumen (bis zu 1 m Durchmesser).
Färbung: Die auffällige Gelb-Schwarz-Färbung des Körpers ist eine Warntracht und signalisiert Wehrhaftigkeit. Hinterleibszeichnung sehr variabel. Charakteristisch für die Gemeine Wespe ist die Zeichnung des Kopfschildes, oder der Stirnplatte: sie ähnelt einem umgekehrten schwarzen „T" auf gelbem Grund.
Verbreitung: Von Europa im Westen bis nach Japan, Korea und den Kurilen im Osten (paläarktisch); in den wärmeren Regionen des Verbreitungsgebiets seltener und in höheren Lagen. Vom Menschen verschleppt nach Island, Südamerika, Australien und Neuseeland.
Lebensweise: Das von einer begatteten Königin begründete Volk wächst im Laufe eines Sommers auf bis zu 7.000 Individuen an. Die Arbeiterinnen betreiben intensive Brutpflege. Die Larven werden mit einem Brei aus zerkauten Insekten und anderem tierischen Protein gefüttert; die erwachsenen Tiere ernähren sich rein vegetarisch, d. h. von Nektar und zuckerhaltigen Pflanzensäften. Im Spätherbst stirbt die Königin, und es entwickeln sich fruchtbare Weibchen. Diese überwintern und stellen die Königinnen der nächsten Genera-

Kopf von vorn mit charakteristischer Zeichnung

Nest an Altkleidern auf einem Dachboden

tion, die im folgenden Frühjahr jeweils einen neuen Staat (mit neuem Nest) begründet. Das alte Volk stirbt noch im Herbst ab.

Ökofaktor: Wespen und ihre Nester stehen unter Naturschutz; widerrechtliches Vernichten von Nestern wird mit hohen Bußgeldern im fünfstelligen Bereich geahndet. Wespen spielen in naturbelassenen Lebensräumen eine wichtige Rolle als Vertilger von pflanzenfressenden Insekten (Blattläusen) und Mücken und Fliegen; sie sind ihrerseits Nahrung für Vögel. Dem Menschen erscheinen sie als „Lästlinge", da sie im Sommer hartnäckig Kaffeetafeln und die Auslagen von Bäckereien umschwirren. Der Stich der Gemeinen Wespe ist schmerzhaft; das dabei injizierte Gift kann allergische Reaktionen auslösen. Gestochen wird allerdings nur, wenn sich die Tiere gestört fühlen. In Gebieten, in denen die Art ursprünglich nicht vorkommt, wie z. B. Neuseeland, gilt die Gemeine Wespe als invasive Art. Sie hat dort keine natürlichen Feinde und stellt aufgrund hoher Indidviduendichten eine Bedrohung für einheimische Fauna dar: In Neuseeland tritt sie z. B. als Nahrungskonkurrent einer vom Aussterben bedrohten Papageienart auf.

Ähnliche Art: Deutsche Wespe, *Vespula germanica*. Von dieser Art unterschieden durch die Zeichnung der Stirnplatte: umgekehrtes „T" bei der Gemeinen Wespe, 3 schwarze Punkte bei der Deutschen Wespe.

Deutsche Wespe

Hornisse

Vespa crabro
Faltenwespen, Vespidae

Körperlänge: Königin 2,3–3,5 cm, Arbeiterinnen 1,8–2,5 cm, Männchen 2,1–2,8 cm (größte Faltenwespenart in Mitteleuropa)
Merkmale: Von oben gesehen ist der Kopfabschnitt hinter den Komplexaugen zu den Seiten hin stark verbreitert; der Hinterrand des Kopfes ist quer abgestutzt.
Färbung: Kopfschild (Stirnplatte) einheitlich gelb, ohne schwarze Zeichnungselemente; Kopf und Rumpfabschnitt schwarz, mit roter oder braunroter Zeichnung ohne gelbe Anteile; in Aufsicht Hinterleib an der Basis rot, gefolgt von zwei schwarzen Querstreifen, hinterer Bereich mit schwarzer Zeichnung (kleines Dreieck in der Mitte, seitlich beiderseits tropfenförmige Elemente) auf gelbem Grund; Hinterleibsspitze gelb.
Verbreitung: Vom Atlantik bis nach Japan (paläarktisch); in Mittel- und Nordeuropa in gemäßigten Breiten, in Südosteuropa auch in wärmeren Regionen (Griechenland: Peloponnes).
Lebensweise: Die überwinterte junge Königin gründet im Frühjahr (April, Mai) ein neues Nest, indem sie eine erste horizontale Wabe anlegt, in deren Zellen sie Eier legt. Sobald die Arbeiterinnen geschlüpft sind, legen diese unterhalb der ersten Wabe neue, ebenfalls horizontal ausgerichtete Waben an. Diese sind über Stiele oder Säulen miteinander verbunden. Ein Nest im ausgewachsenen Stadium enthält 6 und mehr (maximal 15) solcher Wabenteller. Bevorzugte Neststandorte sind dunkle Hohlräume, z. B. Baumhöhlen, aber auch im Siedlungsbereich (Dachböden, Rollladenkästen). Einzelne Nester sind etwa 30 cm breit und 60 cm hoch. Hornissen sind nicht aggressiv und greifen ausschließlich bei Störung in unmittelbarer Nähe des Nestes (Vorsicht beim Rasenmähen!). Der Stich einer Hornisse

ist schmerzhafter als der von *V. vulgaris* und *V. germanica*, da das Hornissengift den Botenstoff Acetylcholin (= Neurotransmitter, der das Schmerzempfinden erhöht) enthält (nicht aufgrund des längeren Stachels), ist aber – sofern keine Allergien bestehen – ungefährlich.
Ökofaktor: Hornissen jagen andere Insekten, darunter die Gemeine und die Deutsche Wespe und tauchen daher auch an Kaffeetafeln auf, obwohl sie sich selbst nicht von zuckerhaltigen Säften ernähren. Ein großes Volk vertilgt pro Tag ca. 500 g Insekten. Da das Nest nach unten offen ist, fällt der Kot aus dieser Öffnung und kann – sofern sich das Nest im Siedlungsbereich des Menschen befindet – unterhalb des Nestes Bauschäden (Verfärbung, Gerüche) verursachen. Nach der Bundesartenschutzverordnung gilt die Hornisse in Deutschland als besonders geschützte Art.
Ähnliche Arten: Asiatische Hornisse, *Vespa velutina*; ursprünglich aus Südostasien stammend, seit 2004 in Europa nachgewiesen, breitet sich in Süd- und Westeuropa immer weiter aus; in Deutschland sind Funde in Süddeutschland und in Nordrhein-Westfalen dokumentiert. Die Art bereitet mitunter Probleme in der Imkerei: sie jagt gezielt Honigbienen, denen sie vor den Bienenstöcken auflauert. Von der Hornisse zu unterscheiden durch den gelb-braunen bis rot-braunen Kopfschild und die etwas geringere Körpergröße (Königin bis zu 30 mm, Arbeiterinnen 17–24 mm). Auch Vertreter anderer Insektenordnungen ähneln der Hornisse: Der Hornissenschwärmer, *Sesia apiformes*, ein Schmetterling der Familie Sesiidae, ahmt mit seiner gelbschwarzen Warnfärbung und seinem Flugverhalten Hornissen nach (Mimikry) und ist dadurch vor Fressfeinden (z. B. Vögel, aber auch Hornissen selbst) geschützt. Die Hornissenschwebfliege, *Volucella zonaria*, ein Zweiflügler der Familie Syrphidae, erinnert in ihrer Gestalt an Hornissen. Sie kann sich dadurch unbehelligt deren Nestern nähern, in die sie ihre Eier ablegen. Die geschlüpften Larven ernähren sich als „Mitesser“ (Kommensalen) von den toten Körpern der Hornissen, dienen also der Kadaverbeseitigung.

Gesicht von vorn

Stockwerke im geöffneten Nest

Rainfarn-Maskenbiene

Hylaeus nigritus
Masken- und Seidenbienen, Colletidae

Männchen

Körperlänge: 7–9 mm
Merkmale: Klein, unscheinbar, ähnelt in der Gestalt eher einer Grabwespe. Körperoberfläche glatt, unbehaart.
Färbung: Körper schwarz, mit weißen Flecken an Brust und Beinen. Kopf mit hellgelblichen Zeichnungen: Männchen mit glänzendem elfenbeinweißem Gesicht; Gesicht des Weibchens beiderseits am Rand mit einem flachen weißen Dreieck.
Verbreitung: In Europa weit verbreitet, von Spanien über Mitteleuropa bis Kasachstan (fehlt in Großbritannien und Schweden), in Italien südlich bis zur Toskana, in Griechenland, der Türkei und Marokko.
Lebensweise: Wie alle Arten der Familie Colletidae solitär lebende Wildbiene; sammelt und transportiert Pollen und Nektar im Kropf; v. a. in Sand- und Kiesgruben, Steinbrüchen, auch in Siedlungsgebieten, oft in Trockenmauern, in Gärten und Parks, aber auch in Rissen in Betonmauern. Das Weibchen legt 5–20

Weibchen

nebeneinander liegende Brutzellen an, die mit Pollen und Nektar, v. a. von Korbblütlern wie Rainfarn und Mutterkraut (*Tanacetum*-Arten), aber auch Margariten, Wiesenschafgarbe und Kornblume (*Centaurea*) versorgt werden.

Ökofaktor: Die Rainfarn-Maskenbiene, Hylaeus nigritus, ist ein Kulturfolger und Besucher von Korbblütlern. Sie ist fast überall häufig und nicht vom Aussterben bedroht. Wildbiene des Jahres 2022.

Ähnliche Arten: Anhand äußerer Merkmale nur schwer von anderen Maskenbienen unterscheidbar.

Männchen, Kopf von vorne

Auen-Schenkelbiene

Macropis europaea
Melittidae

Männchen

Körperlänge: 8–9 mm
Merkmale: Schenkel (Femora) und Schienen (Tibien) der Hinterbeine stark verdickt; Schiene am Ende beim außen liegenden Sporn abgestutzt; Hinterbeine beim Weibchen mit hosenartigen Borstenbüscheln.
Färbung: Grundfarbe schwarz, beim Weibchen Kopf und Thorax locker mit gelbbraunen Borsten besetzt; beim Männchen Gesicht mit auffallend gelber Zeichnung; Kopf und Thorax gelbgrau beborstet.
Verbreitung: Die Art ist in Europa weit verbreitet, nördlich bis Süd-Finnland, im Osten bis nach Westsibirien, südlich bis Norditalien, Mittelgriechenland.
Lebensweise: Die Art lebt solitär, aber in Aggregationen, vorwiegend an feuchten Standorten, Auwäldern, Gewässersäumen, Mooren. Schenkelbienen sind auf ölabsondernde Gilbweiderich-Arten (*Lysimachia*) spezialisiert. Lysimachia-Blüten produzieren keinen Nektar, sondern ein fetthaltiges, energiereiches Öl. Die Weibchen sammeln das Öl aus den Blüten des Gewöhnlichen und des Punktierten Gilbweiderichs (*Lysimachia vulgaris, L. punctata*) sowie deren Pollen. Die Pollen-Öl-Klumpen in den „Höschen" der Hinterbeine sind deutlich an der Gelbfärbung zu erkennen. Die Pollen-Öl-Pakete wiegen zusammen ca. 11 mg, d. h. sie machen 1/6–1/5 des Körpergewichts der Biene aus. Auf menschliche Dimensionen übertragen, bedeutet das, dass eine 75 kg schwere Person an jedem Bein eine Last von 6–7,5 kg transportieren müßte (und das im Fluge). Das Öl erfüllt mehrere Zwecke: vermischt mit dem gesammelten Pollen bildet es das energiereiche „Larvenbrot", mit dem das Weibchen die Larven füttert, für die es Brutzellen in der Erde angelegt hat. Die Brutzellen werden außerdem mit dem Öl - zum Schutz vor Austrocknung, zu viel Feuchtigkeit und vor Pilzbefall – benetzt. Außerdem trinkt die Auen-Schenkelbiene zuckerreichen Nektar von Dost (*Origanum vulgare*) und vom Sumpf-Storchschnabel (*Geranium palustre*).
Ökofaktor: In Gartenanlagen gelegentlich am Punktierten Gilbweiderich.
Ähnliche Art: Wald-Schenkelbiene, *Macropis fulvipes*; an wald-dominierten Standorten.

Zweifarbige Schneckenhaus-Mauerbiene

Osmia bicolor
Bauchsammlerbienen, Megachilidae

Körperlänge: Weibchen 8–10mm, Männchen etwas kleiner
Merkmale: Wie bei allen Arten der Bauchsammlerbienen Weibchen mit dichter, haarartiger Beborstung an der Unterseite des Hinterleibs (Bauchbürste), die dem Pollentransport dienen; Oberseite des Kopfes und des Brustabschnitts ebenfalls mit Borstenpelz.
Färbung: Kopf und Brustabschnitt schwarz; Hinterleib rostrot.
Verbreitung: Mitteleuropa, vom Flachland bis auf 2.000 m Höhe in den Alpen.
Lebensweise: In Auwäldern, an Waldrändern, Hecken und Magerrasen. Solitäre Art; die erwachsenen Tiere ernähren sich von Pollen zahlreicher Pflanzenarten. Die Art nistet in leeren, mittelgroßen Schneckenhäusern (u. a. der Bänderschnecke *Cepaea* und der Gefleckten Schnirkelschnecke *Arianta arbustorum*). Pro Schneckenhaus wird meist 1 Brutzelle angelegt (seltener 2 oder mehrere). Vor der Eiablage sammelt das Weibchen mehrere Stunden lang Pollen und Nektar als Proviant für die Larve. Das Ei wird an diesen Futterbrei geheftet. Anschließend verschließt das Weibchen die Öffnung des Schneckenhauses mit einem Gemisch aus zerkauten Blättern, Steinchen und Erdpartikeln. Schließlich dreht die Biene das Schneckenhaus so, dass die Öffnung zum Boden zeigt und trägt Hunderte von Grashalmen und Nadeln von Bäumen zusammen, um das Nest zu tarnen. Ein Weibchen legt im Laufe seines Lebens 5–7 solcher Nester an.
Ökofaktor: Besucher zahlreicher Pflanzenarten, wobei blütenstetig während eines Sammelflugs nur Blüten weniger Pflanzenarten besucht werden. Eine der ersten im Frühjahr zu beobachtenden Wildbienen: Ab Mitte März erscheinen die Männchen, ca. 2 Wochen später die Weibchen; Nestbau ca. Mitte April. Die Art ist weit verbreitet und relativ häufig, allerdings im Siedlungsraum nur sehr vereinzelt anzutreffen, v. a. in der Nähe von Kalkmagerrasen oder in Steingärten. Wildbiene des Jahres 2013.
Ähnliche Arten: Bienenarten mit ähnlicher zweifarbiger Zeichnung sind die Gehörnte Mauerbiene, *Osmia cornuta*, und die Steinhummel, *Bombus lapidarius*.

Dunkle Erdhummel

Bombus terrestris
Echte Bienen, Apidae

Körperlänge: Königin 20–28 mm, Arbeiterinnen und Männchen 11–17 mm. Eine der größten Hummel-Arten in Mitteleuropa.
Merkmale: Körper gedrungen; Brustabschnitt und Hinterleib rundlich, dicht mit haarartigen Borsten besetzt („Pelz“).
Färbung: Körper schwarz, mit je einer gelben Querbinde auf dem Brustabschnitt und dem Hinterleib; Spitze des Hinterleibs weiß.
Verbreitung: Europa, Nordafrika, Kleinasien. In Wäldern, auf Wiesen, auf Feldern und in Gärten; fast überall sehr häufig.
Lebensweise: Wie viele Hummeln staatenbildende Bienen (Apidae). Die Staaten überdauern nur einen Sommer. Im Herbst sterben Altkönigin, Arbeiterinnen und Männchen ab; es überwintern ausschließlich Jungköniginnen, die bereits im Sommer begattet worden waren. Die Jungkönigin begibt sich bei milden Temperaturen bereits im Februar auf die Suche nach einem geeigneten, unterirdischen Nistplatz (z. B. ein verlassenes Mäusenest). Die Energie zur Nestgründung und Eiablage bezieht sie zunächst aus dem Vorrat aus ihrem Honigmagen sowie aus dem Pollen und Nektar von Frühlingsblühern (u. a. Krokussen, Märzenbechern). Im Nest baut die Jungkönigin eine erste Wabe und legt eine Anzahl Eier ab. Die daraus schlüpfenden Larven werden mit Pollen gefüttert; ein Pheromon der Königin bewirkt, dass sich aus der Brut Arbeiterinnen entwickeln. Anschließend wird das Nest erweitert, und das Volk kann bis auf 500–600 Tiere anwachsen. Die Arbeiterinnen sammeln Pollen und Nektar von einer Vielzahl von Pflanzenarten. Die Arbeitsteilung (Nahrungssuche, Brutversorgung, Verteidigung) unter den Arbeiterinnen ist weniger deutlich ausge-

prägt als bei der Honigbiene. Gegen Ende der Brutphase nimmt der Einfluss des Königin-Pheromons ab; wenn gleichzeitig ausreichend Nahrung vorhanden ist, entwickeln sich aus den später abgelegten Eiern neue Königinnen, und Arbeiterinnen legen nun selbst (unbefruchtete) Eier, aus denen sich Männchen entwickeln. Nach der Paarungszeit (Juni – August) suchen die zukünftigen Königinnen geschützte Stellen im Boden zur Überwinterung auf. Königinnen und Arbeiterinnen verfügen über einen kräftigen Stachel, stechen aber nur bei Bedrohung.

Ökofaktor: Die Dunkle Erdhummel wird kommerziell in großem Maßstab gezüchtet, und wird als Bestäuber im Treibhausanbau von Gemüse und Obst (v. a. Tomaten, Paprika, Erdbeeren, Heidelbeeren) eingesetzt. Bei ihrer besonderen Art der Bestäubung, erzeugen die Tiere durch ihren Flügelschlag Frequenzen, durch die der Pollen aus den Staubbeuteln dieser Pflanzen herausgeschüttelt wird und im „Pelz" des Insekts hängenbleibt. Diese „Vibrationsbestäubung" kommt nur bei Echten Bienen (Apidae) vor. – Außerhalb ihres natürlichen Verbreitungsgebiets erwies sich die Dunkle Erdhummel als starker Konkurrent heimischer Arten, was zu deren Verdrängung und Aussterben führte (z. B. in Chile), oder befördert durch Bestäubung gebietsfremde Pflanzenarten (z. B. die Baumlupine in Tasmanien), die sich in der Folge rasant ausbreiten.

Ähnliche Arten: Durch die sehr ähnliche Färbung im Freiland kaum unterscheidbar von der Hellgelben oder Hellen Erdhummel, *Bombus lucorum*, der Gartenhummel, *Bombus hortorum*, und weiteren Arten. Von der Steinhummel, *Bombus lapidarus*, gut unterscheidbar durch deren rotbraune Hinterleibsspitze.

Gartenhummel

Westliche Honigbiene

Apis mellifera
Echte Bienen, Apidae

Zahlreiche (25) Unterarten; in der Imkerei wird heute vor allem die Kärntner Biene, *Apis mellifera carnica*, eingesetzt.

Körperlänge: Königin 15–18 mm, Arbeiterinnen 11–13 mm, Männchen (Drohnen) 13–16 mm

Merkmale: Königin etwas größer als die Arbeiterinnen und mit deutlich verlängertem Hinterleib. Mundwerkzeuge leckend-saugend, werden beim Nektarlecken in Richtung Blüte vorgeklappt. Komplexaugen im Gegensatz zu fast allen Wildbienen-Arten mit feinen haarartigen Borsten überzogen. Flügel transparent, ohne Zeichnungselemente, nur wenig geadert. Hinterbeine der Arbeiterinnen mit spezieller Einrichtung für das Einsammeln von Pollen: erstes Fußglied verbreitert und gegenüber der Schiene (Unterschenkel) stark beweglich, auf der Innenseite mit mehreren Reihen kräftiger Haarborsten („Bürste"). Schiene auf der Außenseite mit länglicher Vertiefung, die von langen Borsten überwölbt wird („Körbchen"). Beim Pollensammeln bürstet die Arbeiterin den Pollen mit der „Bürste" vom ganzen Körper ab und schiebt ihn mithilfe eines kräftigen Sporns (am 1. Fußglied) auf die Außenseite und nach oben ins „Körbchen". Giftstachel nur bei Arbeiterinnen voll ausgebildet; er entspricht entwicklungsgeschichtlich dem Legebohrer, wird aber nicht zur Eiablage eingesetzt. Stachel mit feinen Widerhaken.

Färbung: Körpergrundfarbe braun; die ersten Hinterleibssegmente bei einigen Unterarten gelblich, orange, rot oder rotbraun; Rückenschilde des Hinterleibs mit hellbraunen, filzartigen Querbinden aus kurzen Borsten. Die dadurch bewirkte Querstreifung des Hinterkörpers ist entsprechend hellbraunschwarz, nicht gelb-schwarz, wie fälschlicherweise in fast allen Cartoon-Zeichnungen der Honigbiene dargestellt. Beine braun; Unterschenkel der Hinterbeine bei Sammlerbienen mit gelben oder roten (je nach Pollenfarbe) Pollen-„Höschen" (s. Bild S. 122).

Verbreitung: Ursprünglich in Europa, Afrika und Vorderasien beheimatet; inzwischen weltweit verbreitet, u. a. im Zuge der Kolonialisierung anderer Kontinente durch die Europäer im 18. und 19. Jahrhundert.

Lebensweise: Staatenbildend. Ein „Staat" (Volk) besteht aus einer Königin, Arbeiterinnen und Männchen (Drohnen), insgesamt 40.000–60.000 Individuen, und besitzt eine stark differenzierte Sozialstruktur. Die Königin gibt eine „Königinnen-Substanz" (Gemisch aus verschiedenen Botenstoffen) ab; diese unterdrückt die Funktion der Eierstöcke der Arbeiterinnen und steuert das Verhalten der Arbeiterinnen. Zwischen den Arbeiterinnen besteht Arbeitsteilung zur Bewältigung anfallender Aufgaben: z. B. Nahrungsbeschaffung, Brutversorgung, Verteidigung. Bienen erbringen erstaunliche kognitive Leistungen: sie sind lernfähig, besitzen ein hochdifferenziertes Kommunikationssystem (Tanzsprache), und wenden demokratische Entscheidungsprinzipien an (bei der Einigung der Mitglieder eines Schwarms auf einen bestimmten Nistplatz). Wie keiner anderen Insektenart kommt der Honigbiene eine große kulturelle Bedeutung zu, und als wichtiges Nutztier des Menschen gehört sie zu den am besten erforschten Insekten-Arten (siehe Weiterführende Literatur, S. 183).

Ökofaktor: Die Westliche Honigbiene ist ein gezüchtetes Nutztier; die ursprünglich in Deutschland beheimatete Dunkle Honigbiene, *Apis mellifera mellifera*, ist hier in der freien Natur seit fast 100 Jahren ausgestorben. Die Honigbiene ist nach Rind und Schwein das drittwichtigste Nutztier in der Landwirtschaft. Vor allem im Obstanbau spielt die Honigbiene eine wichtige Rolle als Bestäuber (v. a. Äpfel, Kirschen). Sie tritt dabei jedoch in Konkurrenz zu Wildbienen, was sich vor allem bei der Stadtimkerei negativ auf die Wildbienenbestände auswirken kann. Wichtige Bienenprodukte sind außer Honig Bienenwachs, Bienengift, Gelée Royale und Propolis (Bienenharz), ein Gemisch verschiedener Substanzen mit antibiotischer, antiviraler und antimykotischer Wirkung. Bienenvölker sind in erster Linie durch die Varroa-Milbe sowie durch verschiedene durch Pilze oder Bakterien ausgelöste Krankheiten (Faulbruten) gefährdet.

Ähnliche Arten: Die Westliche Honigbiene ist aufgrund ihrer Färbung auch im Freiland leicht zu erkennen.

Arbeiterinnen auf der Wabe. Die Zellen sind mit verschiedenfarbigen Pollen gefüllt.

Blauschwarze Holzbiene

Xylocopa violacea
Echte Bienen, Apidae

Männchen

Körperlänge: 23–28 mm (größte heimische Wildbienenart)

Merkmale: Körper gedrungen („hummel-artig"); Körper und Beine dicht mit feinen Borsten besetzt („behaart").

Färbung: Körper metallisch-schwarz glänzend, Flügel dunkelblau bzw. blauviolett schimmernd; haarartige Borsten dunkelgrau bis schwarz, mit einigen gelben Borsten an Brustabschnitt und Hinterleib.

Verbreitung: Süd- und Mitteleuropa, bis zu 740 m Höhe. Die Art breitet sich klimawandelbedingt immer weiter nach Norden aus und hat in Deutschland inzwischen ein etabliertes Areal bis etwa zur Linie Osnabrück-Hannover-Berlin. Bevorzugt an trockenwarmen Standorten mit hoher Sonneneinstrahlung; vom Flachland bis in die montane Höhenstufe.

Lebensweise: Solitäre Art. Erwachsene Tiere ernähren sich von Pollen und Nektar. Bevorzugte Pollenquellen sind Schmetterlings- und Lippenblütler, seltener Korbblütler. Die Männchen stechen mit ihren kurzen Rüsseln auch Kronblüten z. B. des Winterjasmins an, um an den Nektar zu gelangen. Die Weibchen suchen im zeitigen Frühjahr gezielt an aufrechten Strukturen wie Baumstämmen und Hauswänden nach geeigneten Nistplätzen. Sobald ein Weibchen fündig geworden ist, nagt es mit den kräftigen Kiefern fingerdicke, bis zu 30 cm lange Gänge in das Holz abgestorbener, jedoch noch nicht allzu morscher Bäume. Als Proviant für die zu erwartenden Larven transportiert das Weibchen Pollen in die Gänge, legt dort Eier in die aufwändig konstruierten Brutzellen ab. Die Brutzellen sind in Reihen angeordnet; die Trennwände zwischen ihnen errichtet das Weibchen aus Nagespänen, die mit Speicheldrüsensekret verfestigt werden. Die schlüpfenden Larven entwickeln sich dank des reichlich vorhandenen Nahrungsangebots rasch, verpuppen sich, und bereits im Juli schlüpft die nächste Generation.

Ökofaktor: Jahreszeitlich früh auftretender Bestäuber (z. B. von Winterlingen, *Eranthis* spec., Ranunculaceae) und großblütiger Pflanzen, wie z. B. dem Muskateller-Salbei (*Salvia sclarea*). Auf der Suche nach Nektar am Grund der Blüte löst die Holzbiene einen „Schlagbaum"-Mechanismus aus, d. h. die Staubbeutel klappen nach unten und bepudern den Rücken des Tieres mit Pollen. Dieser wird mithilfe der Beine vom Rücken abgestreift und im Kropf oder an den behaarten Hinterbeinen transportiert. Gartentier des Jahres 2022.

Ähnliche Arten: In Mitteleuropa die Östliche Holzbiene, *Xylocopa valga*, in Südeuropa mehrere ähnliche Arten derselben Gattung.

Schmetterlinge, Lepidoptera

Weltweit mindestens 160.000 Arten; in Gesamteuropa 10.600, in Mitteleuropa ca. 4.000, in Deutschland ca. 3700.
Kopf der erwachsenen Tiere bei der Mehrzahl der Arten mit langem, in Ruhelage aufgerolltem Leck-Saugrüssel. Fühler einfach und unverzweigt bis stark gefiedert. Körper dicht mit haarartigen Borsten besetzt; Vorder- und Hinterflügel meist gut ausgebildet, groß, mit dachziegelartig angeordneten Schuppen, oft auffällig kontrastreich und bunt gefärbt, in Ruhestellung ausgebreitet oder über dem Rücken flach oder dachförmig zusammengelegt.
Entwicklung holometabol. Die Larven werden als Raupen bezeichnet. Sie besitzen auch am Hinterleib stummelförmige Beine. Die erwachsenen Tiere der meisten Arten ernähren sich von Nektar; einige Arten der Eulenfalter (Noctuidae) aus Südostasien und Sibirien nutzen den Saugrüssel zum Blutsaugen an Wirbeltieren. Die Raupen besitzen kauend-beißende Mundwerkzeuge und ernähren sich von lebendem und totem pflanzlichem Gewebe. Einige Arten verursachen Schäden an Kulturpflanzen und Vorräten, zuweilen auch an Textilien. Die Puppen liegen entweder frei in der Laubstreu oder im Boden, oder werden an Pflanzenstengel angeheftet, entweder mit dem Hinterende (Stürzpuppe: Kopfende nach unten) oder mit einem um die Körpermitte geschlungenen Spinnfaden (Gürtelpuppe: Kopfende nach oben).
Kommunikation zwischen den Geschlechtern meist durch Sexualhormone (Pheromone), selten auch durch Lautäußerungen. Viele Nachfalter können die Beuteortungssysteme ihrer Fressfeinde (Fledermäuse) wahrnehmen und lassen sich fallen, um diesen zu entgehen; einige Arten (z. B. Bärenfalter, Arctiidae) sind sogar in der Lage, diese durch Ultraschallsignale zu stören.
Man unterscheidet ca. 130 Familien. Die Einteilungen in Kleinschmetterlinge (Microlepidoptera) und Großschmetterlinge (Macrolepidoptera) sowie in Tag- und Nachtfalter sind künstlich, d. h. sie entsprechen nicht den natürlichen Verwandtschaftsverhältnissen. Sie werden aber aus Gründen der Praktikabilität beibehalten.
Größte Art: Atlasspinner, *Attacus atlas* (Pfauenspinner, Saturniidae), Südostasien (größte Fläche der Flügel); Weiße Hexe, *Thysania agrippina*, Mittel- und Südamerika (größte Flügelspannweite, über 30 cm).
Kleinste Art: Arten der Schopfstirnmotten (Tischeriidae, zu denen auch die Eichenminiermotte gehört). Flügelspannweite 1,5–2 mm; Nordhalbkugel.

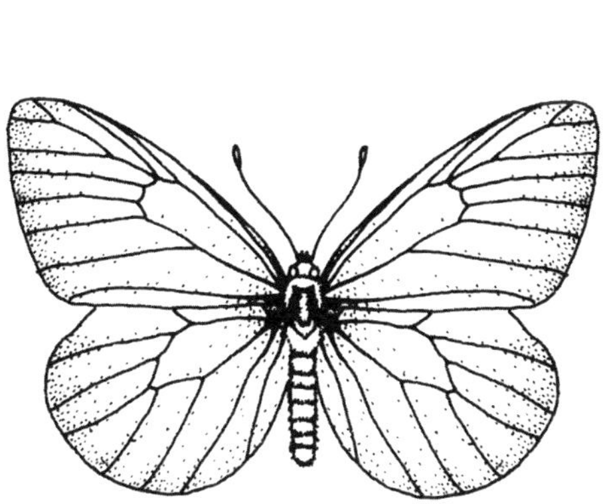

Pfaffenhütchen-Gespinstmotte

Yponomeuta cagnagella
Gespinstmotten, Yponomeutidae

Körperlänge: Erwachsene Tiere mit Flügelspannweite 18–24 mm, Raupen bis zu 20 mm.
Merkmale: Erwachsene Tiere – Flügel in Ruhestellung dachförmig über den Hinterleib zusammengelegt; Flügel mit weißen, endständigen Fransen.
Färbung: Bei erwachsenen Tieren Kopf und Fühler weiß; Komplexaugen dunkel, Vorderflügel weiß mit schwarzen Pünktchen; Hinterflügel bräunlich; Beine weiß. Raupen gelbgrün bis hellbraun mit gelbbraunem oder dunkelbraunem Kopf; pro Körpersegment mit 2 dunklen Punkten.
Verbreitung: In Europa weit verbreitet und fast überall häufig.
Lebensweise: Wichtigste Nährpflanze der Raupen ist der Gewöhnliche Spindelstrauch, oder „Pfaffenhütchen“, *Euonymus europaeus.* Das Weibchen legt Eier in Gruppen von 50–100 Stück an den Zweigen ab; die Raupen leben von Mai bis Juni gesellig in weitläufigen Gespinsten, die ganze Sträucher überziehen können und den Raupen Schutz vor Fressfeinden bietet. Dabei kann es zum Kahlfraß der Sträucher kommen. Die Verpuppung erfolgt in dichten weißen Sammelgespinsten.
Ökofaktor: Die Gespinste der Raupen an Zierpflanzen (Pfaffenhütchen) sind bei Gärtnern unbeliebt, verursachen aber keine bleibenden Schäden. Ab Juni, wenn sich die Raupen verpuppt haben, erholt sich die Pflanze und treibt neu aus. Für den Menschen harmlos.
Ähnliche Arten: Andere *Yponomeuta*-Arten mit ähnlicher Färbung (Flügel weiß mit schwarzen Punkten), jedoch Flügel ohne endständige Fransen.

Pfaffenhütchen mit Gespinsten

Raupen im Gespinst

Raupen des Eichenprozessionsspinners

Die Gespinste werden mitunter für Gespinstnester des Eichenprozessionsspinners, *Thaumetopoea processionea*, gehalten, einem Vertreter der Zahnspinner (Notodontidae). Dessen Raupen sind jedoch völlig anders gefärbt und dicht mit feinen langen Brennhaaren besetzt, die bei Abbrechen ein Eiweißgift freisetzt (Thaumetopoein), das bei Hautkontakt Reizungen, Entzündungen und heftige allergische Reaktionen auslöst.

Kleidermotte

Tineola bisselliella
Echte Motten, Tineidae

Körperlänge: Erwachsene Tiere 6–9 mm, Flügelspannweite 10–15 mm, Raupen 7–9,5 mm
Merkmale: Erwachsene Tiere klein, unscheinbar; Flügel glänzend, in Ruhestellung dachförmig über dem Rücken gefaltet.
Färbung: Flügel hellgelb bis dunkelbraun glänzend (abhängig von der aufgenommenen Nahrung), bewimpert; ohne markante Zeichnungselemente. Raupen weißlich-gelb; Kopf gelbbraun, mit dunkelbraunem, fast schwarzem Hinterrand.
Verbreitung: Weltweit. Kulturfolger in menschlichen Behausungen, bevorzugt in trockenen, warmen Räumen.
Lebensweise: Die erwachsenen Tiere nehmen keine Nahrung auf. Das Weibchen legt 100–250 winzige Eier (kleiner als 1 mm). Die Larven ernähren sich vom Protein Keratin, das in Federn oder Tierhaaren vorhanden ist. In der Natur leben die Raupen in Nestern von Vögeln und Säugetieren, im Siedlungsbereich des Menschen von tierischen Bestandteilen von Textilien (Wolle, Federn, Pelze, Postermöbel, Naturdämmstoffe). Die Raupen bauen feine Gespinströhren, in denen sie sich auch verpuppen. Die Art bringt im Jahr bis zu 4 Generationen hervor.
Ökofaktor: In der Natur wichtige Rolle beim Abbau von organischem Material; in Wohnungen und Museen Schädling an Textilien und Dämmstoffen sowie an naturkundlichen Objekten (Felle, Bälge). Die Kleidermotte kann durch Ausbringen von ätherischen Ölen (z. B. Zedernholz, Wacholder, Lavendel) bekämpft werden; bereits befallene Textilien sollten für mindestens eine Woche tiefgekühlt werden.
Ähnliche Arten: Andere Arten der Tineidae (Echte Motten), z. B. die Pelzmotte, *Tinea pellionella*, und die Tapetenmotte, *Trichophaga tapezella*, mit ähnlicher Lebensweise wie die Kleidermotte. Unterscheidbar anhand von Färbungsmerkmalen, v. a. der Flügel.

Puppenkokons

Buchsbaumzünsler

Cydalima perspectalis
„Rüsselzünsler", Crambidae (Pyraloidea)

Körperlänge: Erwachsene Tiere bis zu 2,5 cm, Flügelspannweite 4–4,5 cm, Raupen bis zu 5 cm lang
Merkmale: Erwachsene Tiere mit schlankem Körper; Fühler ungefähr so lang wie der Körper; Flügel in Ruhestellung flach ausgebreitet, verleihen dem Tier einen dreieckigen Umriss. Raupen mit großer Kopfkapsel.
Färbung: Erwachsene Tiere – Körper weiß bis hellbeige; Hinterleibsspitze dunkelbraun, Flügel weiß, seidig schimmernd, mit braunem Außenrand und markanter brauner Farbausbuchtung in das Mittelfeld des Vorderflügels, diese mit halbmondförmigen weißen Flecken. Seltener kommen auch vollständig braune Exemplare vor. Raupen mit schwarzer Kopfkapsel, Körper gelbgrün bis dunkelgrün, mit zwei schwarz-weißen Längsstreifen, schwarzen Punkten und weißen Borsten.
Verbreitung: Ost-, Südost- und Südasien (Japan, China, Korea, Pazifikregion Russlands); in Mitteleuropa zu Beginn des 21. Jahrhunderts (vermutlich im Zuge internationalen Pflanzenhandels) eingeschleppt.
Lebensweise: Die erwachsenen Tiere sitzen auf der Unterseite von Blättern verschiedener Pflanzen, nicht nur von Buchsbäumen. Erwachsene Weibchen, die nur ca. 8 Tage alt werden, suchen gezielt Buchsbäume zur Eiablage auf. Die Raupen fressen Blätter und Rinde der Zweige, wobei sie die Gifte der Nährpflanze aufnehmen und zu ihrem eigenen Schutz vor Fressfeinden einlagern. Insbesondere junge Raupen fressen bevorzugt die älteren Blätter im Innern der Pflanze, die höhere Giftkonzentrationen aufweisen. Die Raupen umgeben sich mit dichten Gespinsten, die zwischen Blättern aufgespannt werden, diese miteinander verkleben und den Raupen weiteren Schutz bieten.
Ökofaktor: Invasive Art. Die Raupen können Kahlfraß an Buchsbäumen und dadurch große Schäden in öffentlichen Parkanlagen und Privatgärten verursachen. Bekämpfung u. a. möglich mit Pheromonfallen oder durch Absammeln der Raupen. Inzwischen haben auch Haussperlinge, Kohlmeisen und Wespen die Raupen als Nahrungsquelle entdeckt. Der Buchsbaumzünsler bringt in Mitteleuropa 2–3 Generationen im Jahr hervor.
Ähnliche Arten: Unverwechselbar.

Raupe

Hauhechel-Bläuling

Polyommatus icarus
Bläulinge, Lycaenidae

Männchen

Körperlänge: Erwachsene Tiere 15–18 mm; Flügelspannweite 2,5–3 cm, Raupen bis 13 mm
Merkmale: Vorderflügel dreieckig, Hinterflügel breit gerundet; beide Flügelpaare mit Fransensaum. Körper der Raupen gedrungen, mit Borsten besetzt, zum Hinterende hin verschmälert.
Färbung: Flügeloberseiten beim Männchen intensiv violettblau, beim Weibchen braun; Vorder- und Hinterflügel bei beiden Geschlechtern mit schmalem schwarzen Rand und weißem Fransensaum; Flügelunterseite graubraun mit schwarzen, weiß umrandeten Punkten und orangefarbenen Flecken am Flügelsaum; Fühler schwarz-weiß geringelt. Raupen grün, mit blassgrüner Musterung.
Verbreitung: In der Paläarktis (Europa, Nordafrika, Asien) weit verbreitet; in den Alpen bis 2.000 m.
Lebensweise: Die Art bevorzugt offene Landschaften und kommt sowohl in trockenen Grasfluren als auch auf Feuchtwiesen vor. Die erwachsenen Tiere trinken bevorzugt Nektar verschiedener Kleearten. Die Eier werden an Klee- und Luzerne-Arten abgelegt. Futterpflanzen der Raupen sind außer Kleearten (z. B. Hornklee) und Luzerne u. a. die Bunte Kronwicke (*Securigera varia*) und Hauhechel-Arten (*Ononis spinosa*, *O. repens*). In Mitteleuropa bringt der Hauhechel-Bläuling 2–3 Generationen pro Jahr hervor; die Überwinterung erfolgt im Raupenstadium.

Ökofaktor: Die Art ist noch weit verbreitet, aber im Bestand abnehmend.
Ähnliche Arten: Andere Arten der Gattung *Polyommatus*, v. a. der Kleine Esparsetten-Bläuling, *Polyommatus thersites*, der oft zusammen mit dem Hauhechel-Bläuling vorkommt. Die Falter sind etwas kleiner als der Hauhechel-Bläuling; die Raupen ausschließlich an Esparsetten-Arten (Gattung *Onobrychis*) als Futterpflanzen.

Raupe

Flügelunterseite

Zitronenfalter

Gonepteryx rhamni
Weißlinge, Pieridae

Körperlänge: Erwachsene Tiere ca. 2 cm; Flügelspannweite 5–5,5 cm, Raupen bis zu 3,3 cm
Merkmale: Fühler wie bei allen Tagfaltern an der Spitze verdickt; charakteristische Flügelform: alle 4 Flügel sind an ihrem äußersten Rand deutlich zugespitzt; Flügeladern deutlich sichtbar und stark hervortretend. In Ruhestellung werden die Flügel sofort nach oben geklappt; die Flügeloberseiten daher fast nie sichtbar. Körper der Raupen fein geringelt.
Färbung: Flügel beim Männchen intensiv zitronengelb, beim Weibchen blass grünlich-weiß; Flügeloberseite bei beiden Geschlechtern mit orangefarbenem Fleck, auf der Unterseite mit bräunlichem Fleck; Kopf inkl. Fühler, Körperoberseite und Flügelansatz dunkelviolett; Beine hellgelb. Raupen mattgrün, mit feinen schwarzen Punkten, auf jeder Seite über den Beinen mit mattweißem Längsstreifen.
Verbreitung: In Europa weit verbreitet (fehlt im äußersten Norden Englands und Skandinaviens und auf Kreta), Nordwestafrika, Türkei, Zentralasien bis Mongolei.
Lebensweise: Der Zitronenfalter ist die langlebigste Art aller mitteleuropäischen Tagfalter –erwachsene Tiere können ein Lebensalter von 12 Monaten erreichen. Die Weibchen legen im April ihre Eier einzeln oder paarweise an den sich öffnenden Knospen der

Raupe

Ökofaktor: Die Art kommt in verschiedenen Lebensräumen vor, wo immer die Nährpflanzen für die Raupen vorhanden sind: Sowohl in feuchten als auch trockenen Bereichen, in Gebüschen an Waldrändern, in Wäldern, an sonnigen, grasbewachsenen oder felsigen Hängen mit Strauchbewuchs, von Tieflagen bis in 2.800 m Höhe. Die Art ist weit verbreitet, kommt jedoch selten in hohen Individuendichten vor. Sie gilt als nicht gefährdet. Insekt der Jahres 2002.

Ähnliche Arten: Mittelmeer-Zitronenfalter, *Gonepteryx cleopatra* (Männchen mit orangeroter Färbung auf den Vorderflügeln; Mittelmeergebiet), *Gonepteryx farinosa* (dem Zitronenfalter sehr ähnlich, jedoch größer; Südosteuropa bis Zentralasien) und weitere *Gonepteryx*-Arten in Ostasien, Großer Kohlweißling, *Pieris brassicae* (Vorder- und Hinterflügel gerundet, nicht zugespitzt wie beim Zitronenfalter).

Raupenfutterpflanzen (Kreuzdorn-Arten, v. a. Faulbaum, *Rhamnus frangula*) ab. Die Raupen sitzen auf der Mittelrippe der Blätter, wo sie kaum sichtbar sind, und fressen diese vom Rand her nach innen ab. Die Puppe hängt als „Gürtelpuppe" waagrecht an Ästchen. Die erwachsenen Tiere überwintern als eine der wenigen europäischen Schmetterlingsarten frei in der Vegetation oder im Laub. Durch die Einlagerung von Glycerin, Sorbit und Eiweiß wird der Gefrierpunkt der Körperflüssigkeit so weit abgesenkt, dass die Falter Temperaturen bis zu -20 °C ohne weiteren Schutz überstehen. Die überwinterten Tiere sind oft im zeitigen Frühjahr, spätestens ab März wieder flugaktiv.

Kleiner Kohlweißling

Pieris rapae
Weißlinge, Pieridae

Körperlänge: Flügelspannweite 4–5 cm. Raupen bis 2,5 cm
Merkmale: Hinterrand der Vorderflügel gerade, quer abgestutzt; Hinterrand der Hinterflügel leicht gerundet. Raupen dicht mit kurzen Borsten besetzt.
Färbung: Oberseite der Flügel bei beiden Geschlechtern mit gleicher Grundfarbe: weiß mit dunkelgrauen Rändern; Flügelspitze der Vorderflügel dunkelgrau bis schwärzlich. Vorderflügel beim Männchen mittig mit einem dunklen, rundlichen Fleck, beim Weibchen mit zweien; Oberseite der Hinterflügel mit einem grauen Fleck, beim Weibchen deutlicher ausgeprägt als beim Männchen; Unterseite der Flügel weiß (v. a. Vorderflügel) bis gräulich-gelb (Hinterflügel). Raupen hell- bis mattgrün, mit gelblichen Seiten- und Rückenstreifen.
Verbreitung: In ganz Europa und Nordafrika, Kanarische Inseln. Inzwischen durch die Verschleppung der Futterpflanzen (verschiedene Gemüsesorten) fast weltweit verbreitet und in vielen Lebensräumen häufig, v. a. in offenen Kulturlandschaften, lichten Wäldern, auch in Parkanlagen und Gärten.
Lebensweise: Die erwachsenen Tiere trinken Nektar verschiedener Wiesenblumen (u. a. Wiesen-Flockenblume, Wiesen-Salbei, Echter Arznei-Baldrian, Lavendel). Die Weibchen legen ihre Eier einzeln an Blättern der Futterpflanzen der Raupen ab. Futterpflanzen sind Kreuzblütler (Brassicaceae, z. B. Raps, verschiedene Kohl-Sorten), Kaperngewächse (Capparaceae), Kapuzinerkressengewächse (Tropaeolaceae), Resedagewächse (Resedaceae) und Fuchsschwanzgewächse (Chenopodiaceae). Die Larvalentwicklung dauert ca. einen Monat; die Art bringt bis zu 4 Generationen im Jahr hervor (Überwinterung im Puppenstadium; die Verpuppung erfolgt an exponierten Stellen, sogar an Hauswänden). Kreuzblütler enthalten Senföle, die für die meisten Tiere, für den Menschen nur bedingt,

giftig sind. Die Senföle bieten der Pflanze Schutz vor Fressfeinden. Die Raupen des Kleinen Kohlweißlings nehmen die Senföle mit der Nahrung auf und lagern sie in ihrem Körper ab und schützen sich so gegen ihre eigenen Fressfeinde.

Ökofaktor: Kulturfolger. Die Raupen fressen sich tief in die Kohlköpfe und verursachen Schäden in der Landwirtschaft und im Gemüseanbau.

Ähnliche Arten: Andere Arten der Gattung *Pieris*, z. B. Großer Kohlweißling, *Pieris brassicae*. Unterscheidbar vom Kleinen Kohlweißling durch die Körpergröße (Flügelspannweite bis zu 6 cm) sowie die Länge der dunkelgrauen Flügelspitzen: Diese ziehen beim Großen Kohlweißling bis zur Flügelmitte, beim Kleinen Kohlweißling sind sie deutlich kürzer. Raupen mit kontrastreicher gelblichgrün-schwarzer Färbung. Der Große Kohlweißling hat ein engeres Nahrungsspektrum als der Kleine Kohlweißling; die Raupen leben hauptsächlich an Kohlsorten, mitunter auch an Kapuzinerkresse. Außerdem werden die Eier in größeren Gruppen abgelegt.

Karstweißling, *Pieris mannii*, ein Neuankömmling aus Südeuropa. Im Unterschied zu den Kohlweißlingen sind bei dieser Art die Vorderflügelflecke relativ groß und eckig (bei Kohlweißlingen rundlich). Die Raupen ernähren sich von Rucola, oder Senfrauke (Brassicaceae), aber auch von Schleifenblumen (*Iberis*).

Großer Kohlweißling

Aurorafalter

Anthocaris cardamines
Weißlinge, Pieridae

Körperlänge: Erwachsene Tiere ca. 2,5 cm; Flügelspannweite 3,5–4,5 cm. Raupen bis 3 cm
Merkmale: In Ruhestellung halten die Falter die Flügel geschlossen, nach oben geklappt und sind durch die marmorierte Zeichnung der Hinterflügelunterseiten sehr gut getarnt.
Färbung: Kopf und Körper dunkel, Fühler hellgrau; Flügeloberseite bei beiden Geschlechtern weiß, mit dunklem Fleck in der Mitte der Vorderflügel; äußerste Spitze der Vorderflügel grau-schwarz; äußere Hälfte der Vorderflügel nur beim Männchen leuchtend orange. Hinterflügelunterseite bei beiden Geschlechtern mit gelblich-schmutziggrüner Fleckzeichnung. Raupen mit blaugrüner Oberseite, nach den Seiten in Weiß übergehend; Unterseite dunkelgrün.
Verbreitung: In ganz Europa und im Mittleren Osten weit verbreitet; in Asien in Regionen mit gemäßigtem Klima bis Japan; im Mediterranklima deutlich seltener.
Lebensweise: Die Art kommt auf mageren und trockenen Böden, aber auch auf Feuchtwiesen und in lichten Wäldern vor, in Parks, an Wegrändern und Böschungen; fast überall häufig. Das Weibchen legt die Eier einzeln oder paarweise an Blütenstengeln ab. Bevorzugte Raupen-Nährpflanzen sind das Wiesenschaumkraut (*Cardamine pratensis*), die Knoblauchsrauke (*Alliaria petiolata*) sowie Kreuzblütler (Brassicaceae) wie z. B. das Einjährige Silberblatt (*Lunaria annua*), die Gewöhnliche Nachtviole (*Hesperis matronalis*) und das Turmkraut (*Arabis glabra*). Überwinterung im Puppenstadium.
Ökofaktor: Einer der ersten Tagfalter, den man im Frühjahr (ab Ende März) beobachten kann. Auch in Siedlungsgebieten häufig anzutreffen, da eine der Raupennährpflanzen, die Knoblauchsrauke, auch auf stark überdüngten Böden der Städte gedeiht. Die Art gilt als nicht gefährdet.
Ähnliche Arten: Die Männchen des Aurorafalters sind aufgrund der orangefarbenen Flecken an der Spitze der Vorderflügel und der grüngelb-gesprenkelten Hinterflügel-Unterseite unverwechselbar. Die Weibchen können aufgrund der Färbung der Flügeloberseite aus der Entfernung mit anderen Weißlingen verwechselt werden, z. B. anderen *Anthocaris*-Arten und Arten der Gattung *Pontia*, z. B. dem Resedafalter, *Pontia edusa*.

Raupe

Tagpfauenauge

Aglais io
Edelfalter, Nymphalidae

Körperlänge: Flügelspannweite 5–5,5 cm, Raupen bis 4,2 cm
Merkmale: Vorder- und Hinterflügel mit gezähntem Hinterrand. Erwachsene Tiere sitzen auf 4 Beinen: Die Vorderbeine sind – wie bei allen Arten der Edelfalter – stark verkürzt. Körper der Raupen mit kräftigen, fleischigen, bedornten Fortsätzen und Borsten.
Färbung: Vorder- und Hinterflügel rostrot, jeweils mit einem markanten Augenfleck an der Flügelspitze; Flügelunterseite grau und schwarz marmoriert. Raupen schwarz, mit weißen Punkten. Puppe (Stürzpuppe, d. h. senkrecht herabhängend) graugrün oder braun. Die erwachsenen Tiere suchen im Herbst dunkle, mäßig feuchte und geschützte Winterquartiere auf, z. B. Höhlen, Fuchsbaue, aber auch Ställe, Keller, Wohnungen. Die Art bringt 1–2 Generationen pro Jahr hervor.
Verbreitung: Von Mitteleuropa über Teile Asiens bis Japan; bis 2.500 m Höhe; fast überall häufig.
Lebensweise: Die Art kommt in unterschiedlichen Lebensräumen vor, vorwiegend in Waldnähe, aber auch in Siedlungsgebieten, Parkanlagen und Gärten. Die erwachsenen Tiere bevorzugen rote und blauviolette Blüten und trinken Nektar von vielen verschiedenen Pflanzenarten, im Frühjahr u. a. von Weiden, Huflattich, Schlehen, Löwenzahn, im Sommer von Disteln (z. B. Ackerkratzdistel, *Cirsium arvense*), Wasserdost, Klee, Luzerne, Sommerflieder (*Buddleja davidii*), im Herbst von Astern, Studentenblumen (*Tagetes*), Efeu sowie Säfte von reifem Obst. Die überwinterten Weibchen legen ihre Eier (in Gelegen von 50–100 Eiern) auf Blattunterseiten von jungen Brennnesselpflanzen ab (*Urtica dioica*), der einzigen Futterpflanze der Raupen. Die auffällige Färbung der Falter und die Bedornung der Raupen dient dem Schutz vor Fressfeinden, v. a. Vögeln.
Ökofaktor: Die Art kommt auch in Lebensräumen zurecht, die vom Menschen beeinflusst sind: überdüngte, stark stickstoffreiche Böden begünstigen das Wachstum von Brennnesseln, der Raupenfutterpflanze. Schmetterling des Jahres 2009.
Ähnliche Arten: Aufgrund der markanten Färbung ist die Art kaum verwechselbar.

Raupe

Kleiner Fuchs

Aglais urticae
Edelfalter, Nymphalidae

Körperlänge: Flügelspannweite 4–5 cm. Raupen bis 3 cm
Merkmale: Vorder- und Hinterflügel mit gezähntem Hinterrand. Körper der Raupen mit dornenartigen Auswüchsen.
Färbung: Vorder- und Hinterflügel mit orangebrauner Grundfärbung. Vorderrand des Vorderflügels mit schwarz-gelb-weißem Fleckenmuster. Hinterrand beider Flügel mit einer Reihe blauer, dunkel geränderten Flecken am Flügelrand; körpernahe Hälfte des Hinterflügels schwarz. Flügelunterseiten mit ähnlichem Muster, jedoch unauffälliger, mit beige bis hell- und dunkelbrauen Zeichnungselementen. Raupen mit schwarzem Kopf; Körper schwarz, mit gelben Längsstreifen und gelben Punkten.
Verbreitung: In ganz Europa und Asien, östlich bis zum Pazifik; bis ca. 3.000 m Höhe; in Südeuropa nur im Gebirge. In vielen unterschiedlichen Lebensräumen, weit verbreitet und häufig.
Lebensweise: Erwachsene Tiere ernähren sich von Nektar zahlreicher (>200) Pflanzenarten, darunter viele nicht-einheimische Gartenpflanzen. Hauptnektarpflanzen sind der Wasserdost (*Eupatorium* spec.) und die Kratzdistel (*Cirsium* spec.), in höheren Lagen u. a. der Alpen-Milchlattich (*Cicerbita alpina*), auf Magerrasen auch Silberdisteln (*Carlina acaulis*). Die Raupen entwickeln sich ausschließlich an Brennnesseln, insbesondere der Großen Brennnessel (*Urtica dioica*). Junge Raupen leben gesellig in selbst erzeugten Gespinsten,

ältere einzeln oder in kleinen Gruppen. Etwa einen Monat nach dem Schlüpfen aus dem Ei verpuppen sich die Raupen in einer Stürzpuppe. Sie sind offenbar durch die schwarzgelbe Warnfärbung gut vor Fressfeinden (v. a. Vögeln) geschützt, werden jedoch häufig von bestimmten Zweiflüglern (Raupenfliegen, Tachinidae) parasitiert. Erwachsene Tiere suchen zur Überwinterung geschützte Stellen auf, u. a. Holzhaufen, Gartenlauben, Garagen, Keller, Dachstühle. In wärmeren Regionen bringt die Art 2–3 Generationen im Jahr hervor, in kälteren Regionen und Höhenlagen eine Generation.
Ökofaktor: Eine der häufigsten Edelfalterarten in Mitteleuropa. Aktuell ist die Art allerings in trockeneren Gebieten rückläufig.

Ähnliche Arten: Großer Fuchs, *Nymphalis polychloros*, etwas größer (5–5,5 cm) und Färbung weniger lebhaft als beim Kleinen Fuchs, und *Aglais ichnusa*, nur auf Korsika und Sardinien.

Raupe

Großer Fuchs

C-Falter

Polygonia c-album
Edelfalter, Nymphalidae

Körperlänge: Flügelspannweite 4–5 cm; Raupen bis 3 cm
Merkmale: Markantestes Merkmal sind die stark gezackten Ränder von Vorder- und Hinterflügel. Raupen mit segmental angeordneten fleischigen, dornenartigen Fortsätzen, die lange Borsten tragen. Puppe (Stürzpuppe) schlank, zwischen Brustabschnitt und Hinterleib stark eingeschnürt, am Kopf mit zwei zueinander gebogenen Spitzen.
Färbung: Flügeloberseiten orangebraun mit sehr variabler schwarzer, brauner und gelber Fleckenzeichnung; hintere bzw. äußere Flügelränder mit breitem dunklem Rand. Flügelunterseiten weniger kontrastreich gefärbt, mit dunkel- und hellbraunen, grauen oder gelben Bereichen. Auffällig ist die weiße C-ähnliche Zeichnung (Name!) in der Mitte der Hinterflügel.
Junge Raupen bräunlich gefärbt, ältere Raupen orangebraun mit schwarzer Zeichnung; die hinteren zwei Drittel des Körpers auf dem Rücken einheitlich weiß (auch die Dornen und Borsten), im vorderen Drittel mit feinen gelben und schwarzen Querstreifen, an den Seiten orange-braun gemustert.
Puppe bräunlich, an den Seiten mit charakteristischen Silberflecken.
Verbreitung: In ganz Europa (mit Ausnahme von Schottland, Irland und Nordskandinavien), Nordafrika, Asien bis Japan weit verbreitet und fast überall recht häufig.

Lebensweise: Die Falter leben an trockenen und mäßig feuchten Standorten, wie z. B. Waldwegen und Waldrändern, Feldgehölzen, Hecken (Salweide, Hasel, Ulmen) und in Gärten an nektarreichen Gartenblumen wie z. B. Sommerflieder, aber auch Beerensträucher (Stachelbeeren, Johannisbeeren), im Frühjahr u. a. an Weidenkätzchen, im Sommer auch an Fallobst, vom Flachland bis ca. 1.800 m Höhe. Die Art bringt je nach Region 1–2 Generationen im Jahr hervor; Raupen entwickeln sich entweder von Ende Mai bis Juli (bei einer Generation) oder von Mitte Mai bis Ende Juni und von Mitte Juli bis Ende August (im Fall zweier Generationen). Futterpflanzen der Raupen sind die Große Brennnessel (*Urtica dioica*), Salweide (*Salix caprea*) sowie Baum- und Straucharten, wie z. B. der Gewöhnliche Hasel (*Corylus avellana*) und der Gewöhnliche Hopfen (*Humulus lupulus*). Überwinterung im Erwachsenenstadium.

Ökofaktor: Häufige und weit verbreitete Art, nicht gefährdet.

Ähnliche Arten: In Mitteleuropa aufgrund der stark gezackten Flügelränder und dem „C“ auf der Unterseite des Hinterflügels unverwechselbar. Im Mittelmeergebiet bis zur Krim und im Kaukasus kommt der Südliche oder Gelbe C-Falter, *Polygonia egea* vor, dessen Flügelzeichnung jedoch weniger kontrastreich ist. Weitere *Polygonia*-Arten in Zentral- und Ostasien, z. B. *P. c-aureum*.

Raupe

Flügelunterseite mit weißem „C“

Admiral

Vanessa atalanta
Edelfalter, Nymphalidae

Körperlänge: Flügelspannweite 5,5–6,5 cm, Raupe bis ca. 4 cm

Merkmale: Erwachsene Tiere sind große, auffällig gefärbte Falter mit markanter schwarz-orange-weißer Färbung der Vorderflügel. Raupen bedornt. Puppe (Stürzpuppe) auf der Bauchseite beiderseits mit einer Reihe kegelförmiger Ausstülpungen.

Färbung: Oberseite der Vorderflügel samtig schwarz, mit einer breiten, mehr oder weniger gezackten ziegelroten Binde; diese beim Weibchen mit einem kleinen weißen Fleck; Spitzen der Vorderflügel tiefschwarz mit einem großen weißen Balken und mehreren kleinen weißen Flecken; die Farbe der Vorderflügelbinde variiert von gelb über orange bis karminrot, ebenso die Anzahl der weißen Flecke an der Flügelspitze. Die Unterseite des Vorderflügels entspricht weitgehend der Oberseite. Oberseite der Hinterflügel tief schwarzbraun, mit breiter, orangeroter Binde am Flügelaußenrand; diese mit einer Reihe schwarzer Punkte. Flügelunterseite der Hinterflügel in verschiedenen Brauntönen, mit rötlichen, schwarzen und violetten Flächen marmoriert; markantes Merkmal ist ein weißer oder gelblich-weißer Fleck mittig am Vorderrand. Raupen mit schwarzer oder brauner Kopfkapsel; Körper graubraun bis schwarz; oft mit einer Reihe unterschiedlich großer grüngelber Flecken. Die Färbung ist variabel: Die Körperfarbe kann mehr oder weniger intensiv sein, und die Flecken können fehlen.

Verbreitung: Mit verschiedenen Unterarten in Eurasien, Nordafrika und Nordamerika weit verbreitet; bis in Höhen von 2.500 m. Der Admiral ist ein Wanderfalter, der bis vor wenigen Dekaden regelmäßig aus Südeuropa (Mittel-

Raupe an Brennnesselblatt

meerraum) über die Alpen nach Mitteleuropa einflog, eine Generation hervorbrachte, die zur Überwinterung nach Südeuropa zurückkehrte. Inzwischen hat sich eine mitteleuropäische Population etabliert. Der Einflug von Südeuropa, wobei die Falter innerhalb von 2 Wochen eine Strecke von 3.000 km bewältigten, findet seit der Jahrtausendwende offenbar seltener statt.

Lebensweise: Der Admiral kommt in unterschiedlichen Lebensräumen vor, z. B. in Wäldern, aber auch in landwirtschaftlich genutztem Gelände, in Gärten und Siedlungsgebieten. Die erwachsenen Tiere trinken Nektar von verschiedenen Pflanzen, z. B. Sommerflieder, Brombeere, Fetthenne und Wasserdost; im Herbst sind sie auch an Efeublüten und aufgeplatztem Fallobst anzutreffen; die Raupen fressen in Mitteleuropa ausschließlich an Brennnesseln. In Deutschland überwintern die Falter; in Südeuropa können sich die Raupen bereits im Winter entwickeln. Junge Raupen errichten ein Gespinstnest aus Blättern, ältere Raupen eine charakteristische Blatttüte, in denen sie leben und sich dort auch verpuppen.

Ökofaktor: Wanderverhalten vom Klimawandel beeinflusst: seit ungefähr der Jahrtausendwende wird die Art zunehmend in Mitteleuropa bodenständig. Angehörige mitteleuropäischer Populationen wandern im Frühsommer nach Südskandinavien, im Herbst zurück nach Südwestdeutschland und Ostfrankreich, wo sie überwintern.

Ähnliche Arten: Kanarischer Admiral, *Vanessa vulcania* (Kanarische Inseln, Spanien), Indischer Admiral, *Vanessa indica* (Asien).

Einzelnes Ei

Landkärtchen

Araschnia levana
Edelfalter, Nymphalidae

Frühlingsgeneration

Sommergeneration

Körperlänge: Flügelspannweite 3,2–4,3 cm; Raupen bis 2,5 cm
Merkmale: Kleiner Falter mit lebhaft gezeichneten Flügeln, die bei der Frühlings- und der Sommergeneration völlig unterschiedlich gefärbt sind (siehe unten), sodass man die Tiere für verschiedene Arten halten könnte. Kaum eine andere Insektenart zeigt einen derart extremen Saisondimorphismus. Raupen mit auffälligen mehrfach verzweigten, dornenähnlichen Auswüchsen am Körper und mit zwei (ab dem 2. Larvenstadium sichtbaren) Dornen am Kopf. Puppe (Stürzpuppe) mit stark skulpturierter Außenhaut. Charakteristisch für die Art sind die Eigelege, die in Form von Türmchen an der Blattunterseite von Brennnesseln hängen.
Färbung: Erwachsene Tiere (beider Geschlechter) der Frühjahrsgeneration (Mai bis Juni) mit orangefarbenen Flügeloberseiten mit schwarzer Zeichnung. Falter der Sommergeneration (Juli–August) mit dunkelbraunen Flügeloberseiten mit weißer und orangefarbener Bänderung. Die Flügelunterseiten sind bei beiden Formen gleich – sie sind relativ bunt gefärbt, von Linien durchzogen und ähneln – mit etwas Phantasie - einer Landkarte. Raupen schwärzlich, mit feinen weißen Flecken und unterbrochenen gelblich-weißen Seiten- und Rückenstreifen. Puppe grünlich bis graubraun, mit metallisch glänzenden Flecken.
Verbreitung: Von den Pyrenäen durch Mitteleuropa und Eurasien bis nach Japan (fehlt in Regionen, in denen die Sommer zu trocken oder zu kurz sind, d. h. sowohl in der Mittelmeerregion als auch in den nördlichen Teilen Fennoskandiens); von Tieflagen bis in Höhen um 1.000 m.
Lebensweise: Die Art kommt auf Lichtungen und an Waldrändern vor, auch auf Ruderalflächen und in Gärten in halbschattigen Bereichen. Die erwachsenen Tiere ernähren sich vom Nektar einer Vielzahl blühender Stauden, während die Raupen (Ende Mai bis Juni, bzw. August bis Mitte September) ausschließlich Blätter der Großen Brennnessel (*Urtica dioica*) fressen. Der Saisondimorphismus ist abhängig von der Tageslänge während der Entwicklung der Raupen: Wachsen die

Raupen bei mindestens 15–17 Stunden Licht heran, entwickeln sich die Falter ohne Ruhephase zur Sommerform. Entwickeln sich die Raupen während kürzerer Tageslängen, legen sie eine Ruhephase (Diapause) ein und bringen nach der Überwinterung Falter der Frühjahrsform hervor. Ob die unterschiedlichen Farbvarianten der Warnung vor Fressfeinden oder der Tarnung, oder einem anderen Zweck dienen, ist noch unbekannt.

Ökofaktor: Die Art ist in strukturreichen Landschaften (Hecken, Gebüsche, Wiesen, Waldränder) häufig; sie fehlt in intensiv landwirtschaftlich genutzten Landschaftstypen. Sie gilt als nicht gefährdet. Insekt des Jahres 2023.

Ähnliche Arten: Die Sommerform kann mit kleineren Exemplaren des Kleinen Eisvogels, *Limenitis camilla*, ebenfalls ein Edelfalter (Nymphalidae), verwechselt werden. Die Gattung *Araschnia* umfasst insgesamt 7 Arten, von denen alle außer dem Landkärtchen, nur im Osten Asiens vorkommen.

Eischnüre mit schlüpfenden Raupen

Raupe

Taubenschwänzchen

Macroglossum stellatarum
Schwärmer, Sphingidae

Körperlänge: Die Flügelspannweiten der Falter variieren: im Westen des Verbreitungsgebiets (siehe unten) 3,6–5 cm, nach Osten hin größer, bis zu 4–7 cm. Raupen 4,5–5 cm.
Merkmale: Die Falter sind in der Lage, schnell und wendig zu fliegen, und können in der Luft „stehen". Entsprechend werden sie oft auf den ersten Blick fälschlicherweise für Kolibris gehalten, zumal die verlängerten Schuppen am breiten Hinterleib einem zweigeteilten Federschwanz ähneln, und der gedrungene Körper den „Vogeleindruck" verstärkt. Die Hinterflügel sind deutlich kleiner als die Vorderflügel. Charakteristisch ist auch der lange Saugrüssel (entrollt bis zu 3 cm lang), der es den Tieren erlaubt, Nektar aus langen Kelchen zu saugen. Körper der Raupen fleischig, glatt, mit dem für fast alle Schwärmerarten charakteristischen Analhorn, einem spitzen Fortsatz am Hinterende.
Puppe: Die Außenhaut der Puppe ist durchsichtig, sodass der Falter im Innern teilweise sichtbar ist, v. a. der lange Saugrüssel, der als schwarzer Strich auf der Bauchseite abzeichnet.
Färbung: Kopf und Brustabschnitt der Falter auf der Oberseite dunkelgrau-braun, auf der Bauchseite creme-weiß; Hinterleib braun mit gelblicher und schwärzlicher Zeichnung; verlängerte Schuppen an der Hinterleibsspitze braun-weiß. Oberseite der Vorderflügel graubraun mit unauffälligen, schmalen, gewellten, dunkelbraunen Binden; Unterseite braunorange. Oberseite der Hinterflügel orangebraun, mit schmalem bräunlichem Außenrand; Unterseite wie Oberseite gefärbt, aber entlang der Innenseite gelblich. Kopf und Körper der Raupen mit gleicher, meist grüner Grundfarbe, mit feinen gelblich-weißen Punkten und beiderseitig mit zwei Längslinien,

von denen die obere weiß, die untere gelb ist; beide nach oben jeweils mit dunklem Hof. Beine am Brustabschnitt braun; Bauchbeine rosa-gelblich-weiß. Puppe hell ockerfarben, mit dunkelbraunen Sprenkeln, Strukturen des erwachsenen Tieres durchscheinend.

Verbreitung: Die Art ist über die gesamte Breite der Paläarktis verbreitet. Die südliche Grenze des Areals verläuft von Nordafrika über den Nahen Osten entlang der Südgrenze Chinas bis nach Japan, die Nordgrenze von Nordfrankreich über Südosteuropa entlang der Nordgrenze Chinas bis zum Pazifik. Die Nordgrenze ist variabel; sie verschiebt sich aufgrund des Klimawandels, da die Art in immer weiter nördlich gelegenen Regionen zu überwintern in der Lage ist.

Lebensweise: Die Falter sind – ungewöhnlich für die Großgruppe der Schwärmer – tagaktiv und fliegen auch bei Regen. An Sommertagen meiden sie die Stunden größter Hitze und sind vorwiegend in den Morgen- oder Abendstunden bis in die Nacht auf der Suche nach Blüten. Aufgrund ihres hervorragenden Flugvermögens können sie in ca. 5 Minuten mehr als 100 Blüten besuchen. Der lange Saugrüssel und die Fähigkeit zum Schwirrflug ermöglicht den Faltern, während des Nektartrinkens eine Distanz zur Blüte einzuhalten – dies bietet Schutz vor Fressfeinden, die auf oder in Blüten lauern, wie z. B. Krabbenspinnen. Die Art kommt sowohl in naturnahen Lebensräumen (Trockenrasen und Wiesen) als auch in Siedlungsgebieten vor; dichte Wälder werden gemieden. Unter den Nektarpflanzen der Falter sind sowohl Kulturpflanzen (z. B. Rotklee, Luzerne) als auch viele Garten- und Balkonpflanzen: Klee (*Trifolium*), Flammenblumen (*Phlox*), Flieder (*Syringa*), Fuchsien (*Fuchsia*), Jasmin (*Jasminum*), Natternkopf (*Echium*), Primeln (*Primula*), Sommerflieder (*Buddleja*), Storchschnabel (*Geranium*), Tabak (*Nikotiana*), Verbenen (*Verbena*) und Zieste (*Stachys*). Entsprechend liegen Taubenschwänzchen vielfach Gärten und blütenreiche Balkons in Städten an. Die Raupen ernähren sich vorwiegend von Labkräutern (Galium-Arten). Die Tiere überwintern (als einzige europäische Schwärmerart) als voll ausgebildete Schmetterlinge. Sie sind jedoch frostempfindlich und daher auf Regionen mit milden Wintern angewiesen. Das Taubenschwänzchen ist ein Wanderfalter, der sich durch sein ausdauerndes Flugvermögen (bis zu 3.000 km in 14 Tagen) in den Sommer- und Wintermonaten neue Areale erschließt.

Seit einigen Jahren überwintern Taubenschwänzchen vereinzelt in wärmebegünstigten Regionen in Süddeutschland. Die überwinterten Weibchen legen im März ihre rundlichen, unauffälligen Eier an junge, noch nicht aufgeblühten Labkraut-Knospen ab, von denen sich die Raupen ernähren. Die erste neue Faltergeneration schlüpft um Mitte Juni. Wie viele Generationen die Art in Deutschland hervorbringt, ist unklar; in Südeuropa sind es 3–4 Generationen. Diejenigen Tiere, die von dort einfliegen, wobei sie bis zu 2000 km zurücklegen, kommen frühestens Ende April in Deutschland an; deren Nachwuchs schlüpft Mitte bis Ende Juni.

Ökofaktor: Die Art ist weit verbreitet und häufig; sie gilt als nicht gefährdet.

Ähnliche Arten: Nachtkerzenschwärmer, *Proserpinus proserpina* (mit stark unregelmäßigem Flügelaußenrand), Olivgrüner Hummelschwärmer, *Hemanis croatica* (Flügel halb olivgrün, halb weinrot gefärbt; Raupen sehr ähnlich denen des Taubenschwänzchens, jedoch ohne die untere Längslinie).

Färbung der Flügeloberseiten

Großer Frostspanner

Erannis defoliaria
Spanner, Geometridae

Körperlänge: Flügelspannweite des Männchens bis 4,6 cm. Weibchen (flügellos) bis 14 mm. Raupen bis 3,2 cm.

Merkmale: Ausgepräger Geschlechtsdimorphismus; Männchen mit voll ausgeprägten Flügeln; Flügel zart und dünn beschuppt; Flügel beim Weibchen stark reduziert. Weibchen mit langen Beinen. Erwachsene Tiere besitzen ein Gehörorgan am 1. Hinterleibsring, mit dem sie die Ultraschalllaute von Fledermäusen (Fressfeinde) wahrnehmen können. Bei den Raupen sind außer den 3 Brustbeinpaaren meist nur die beiden hinteren Hinterleibsfußpaare vorhanden. Raupen mit für die Gruppe der Spanner typischer Bewegungsweise (Name!) – sie über„spannen" Distanzen durch abwechselndes (hufeisenförmiges) Krümmen und Strecken des Körpers (im Gegensatz zur kriechenden Bewegungsweise der Raupen anderer Familien). Puppen am Hinterende mit gegabelter Spitze.

Färbung: Vorderflügel der Männchen mit variabler Färbung. Grundfarbe meist hellbraun oder weißlich, mit 2 dunklen Querbinden, oft auch mehr oder weniger einfarbig gelblich oder braun, mit dunklem Punkt auf der Mitte des Vorderflügels. Körper des flügellosen Weibchens hell (gelblich bis hellgrau) und schwarz gescheckt. Raupen in mehreren Farbvarianten: Körper rotbraun oder gelblich, oft mit kontrastreicher bunter Zeichnung. Puppen glänzend rotbraun.

Verbreitung: In Nord- und Mitteleuropa weit verbreitet, im Süden bis nach Norditalien, im Osten vom Kaukasus bis ins Baltikum.

Lebensweise: In Wäldern und offenem Gelände, Gebüschlandschaften, auch in Parks, Obstgärten, überall häufig. Die Falter sind nacht- und dämmerungsaktiv; die Männchen werden von Leuchtquellen angezogen. Die flugunfähigen Weibchen sitzen versteckt in Gebüschen. Die erwachsenen Tiere nehmen keine Nahrung mehr auf. Zur Paarung klettern die Weibchen mit ihren langen Beinen die Baumstämme empor und locken die Männchen mit Duftstoffen (Pheromonen) an. Die Weibchen legen ihre Eier (pro Tier 100-300) im Herbst in Rindenvertiefungen bevorzugt in den Kronen von Laubbäumen ab. Im April des darauffolgenden Jahres schlüpfen die Raupen und fressen an vielen verschiedenen Pflanzen (polyphag): an Laubbäumen (Rot- und Hainbuche, Birke, Eiche, Schlehe, Weißdorn, Linde), an Beerensträuchern (Heidelbeere, Stachelbeere) und an Obstbäumen, wobei sie sowohl Blätter als auch Knospen, Blüten und Früchte benagen. Ältere Raupen seilen sich im Juni mit einem Spinnfaden bodenwärts ab; die Verpuppung erfolgt in einem lockeren Gespinst im Boden. Die erwachsenen Tiere schlüpfen im Herbst, oft erst nach den ersten Frösten (Name!), wenn ihre Fressfeinde (v. a. Fledermäuse) bereits Winterschlaf halten.
Ökofaktor: Die Raupen können bei Massenvermehrungen an Obstbäumen durch Fressen an allen Pflanzenteilen Schaden anrichten.
Ähnliche Art: Kleiner Frostspanner, *Operophtera brumata* (kleiner als der Große Frostspanner, Flügelspannweite der Männchen 2,2 – 2,8 cm; Weibchen mit Flügelstummeln; Raupen bis 2 cm, hellgrün, mit schmalen weißlichen Längsbinden. Ähnliche Lebensweise, ebenfalls Schadwirkung an Obstbäumen.

Flügelloses Weibchen

Raupe

Gammaeule

Autographa gamma
Eulenfalter, Noctuidae

Körperlänge: ca. 18 mm. Flügelspannweite 3,5–4 cm. Raupen bis 2,5 cm.
Merkmale: Auf dem Rücken des Brustabschnitts mit doppeltem pinselförmigen „Haar"schopf; Flügel in Ruhestellung dachförmig über dem Rücken gefaltet; hinterer Flügelrand gezähnt. Raupen mit nur 2 Bauchbeinpaaren und einem Beinpaar am Hinterende (Nachschieber). Entsprechend bewegen sie sich ähnlich wie die Raupe der Spanner (Großer Frostspanner, S. 148).
Färbung: Vorderflügel mit charakteristischer weißer Zeichnung in Form des griechischen Buchstaben „Gamma", Grundfarbe grau bis braun, mit hellen, unregelmäßigen und unvollständigen Querbinden und dunkelbrauner Fleckung, besonders im Bereich des Gamma-Zeichnungselements. Raupen hellgrün, mit schmalen weißen Längsbinden.
Verbreitung: Nordafrika, Europa und Asien (außer in den tropischen Bereichen); als Zuwanderer auch in Skandinavien, Island und Grönland. Die Gammaeule ist ein Wanderfalter, der alljährlich von Südeuropa über die Alpen nach Mitteleuropa einfliegt und hier weitere Generationen hervorbringt. Die Art ist in Deutschland weit verbreitet und fast überall häufig. Sie ist nicht auf bestimmte Lebensräume spezialisiert und kommt – außer in geschlossenen Waldgebieten – fast überall vor.
Lebensweise: Die Falter sind vorwiegend nachtaktiv, manchmal aber auch tagsüber beim Blütenbesuch zu beobachten. Sie kommen bevorzugt in offenem Gelände, auf Brachflächen, aber auch in Gärten vor. Die Fal-

ter sind Generalisten: Sie nutzen viele Nektarpflanzen aus verschiedenen Pflanzenfamilien (u. a. Herbstzeitlose, *Colchicum autumnale*, *Iris germanica*-Hybriden, sowie Bäume, Sträucher und krautige Pflanzen). Dabei stehen die Falter – ähnlich wie die Taubenschwänzchen (S. 146) – im Schwirrflug vor den Blüten, allerdings halten sie sich mit den Beinen an der Blüte fest. Auch die Raupen sind polyphag und ernähren sich u. a. von Brennnessel (*Urtica*), Löwenzahn (*Taraxacum*), aber auch Nutzpflanzen wie Kohl und Kopfsalat. Die Raupen sind vorwiegend nachtaktiv und leben versteckt an den Blattunterseiten. Die Art bringt mehrere Generationen im Jahr hervor; erwachsene Tiere kommen von Ende Februar bis Anfang Dezember vor; in Mitteleuropa ist die Hauptflugzeit von Mai bis Oktober.

Ökofaktor: Wanderfalter. Polyphag, häufig und nicht gefährdet. Bei Massenvermehrung kann es zu erheblicher Schadwirkung im Gemüseanbau kommen.

Ähnliche Arten: Die „Gamma“-Zeichnung ist auch bei vielen anderen Arten der Unterfamilie Plusiinae vorhanden, z. B. weiteren Arten der Gattung *Autographa*. Diese sind für den Nicht-Spezialisten nur schwer unterscheidbar. Allerdings ist in den Städten, in Gärten und auf Balkons die Gammaeule die weitaus häufigste Art in Mitteleuropa.

Flügeloberseite mit deutlicher „Gamma“-Zeichnung

Hausmutter

Noctua pronuba
Eulenfalter, Noctuidae

Körperlänge: 2,5–2,7 cm. Flügelspannweite 5 – 6 cm. Raupen bis 5 cm.
Merkmale: Vorderflügel relativ schmal, in Ruhestellung mehr oder weniger flach über dem Rücken gefaltet; dadurch Seitenränder (=Außenränder der Flügel) in Aufsicht nahezu parallel. Körper der Raupe gedrungen, fleischig, mit 4 Bauchbeinpaaren und einem Beinpaar am Ende des Hinterleibs. Puppe mit 2 Dornen am Hinterende.
Färbung: Die Flügelfarbe der Vorderflügel variiert stark (in Abhängigkeit von Temperatur und Feuchtigkeit während der Puppenentwicklung): von hellbraun über gelbgrün bis zu dunkelbraun und fast schwarz, und von fast einfarbig bis zu hell-dunkel gefleckt; oft mit schwarzem Fleck in der Mitte der Flügel. Die Weibchen in der Regel heller und kontrastärmer als die Männchen. Hinterflügel auffällig gefärbt: gelb mit schwarzer Binde. Das ruckartige Öffnen der Vorderflügel erzeugt einen abschreckenden Überraschungseffekt bei Fressfeinden (Vögeln). Junge Raupen grünlich, ältere Raupen bräunlich; Rückenlinie schmal und gelblich; Nebenrückenlinien gelblich, auf jedem Hinterleibssegment mit schwarzem Längsbalken. Puppe rotbraun.
Verbreitung: In ganz Europa einschließlich Island, von Fennoskandien im Norden bis nach Nordafrika im Süden; im Osten bis nach Afghanistan, Nordwestindien und Sibirien; eingeschleppt in Nordamerika und in der Folge dort weitere Ausbreitung.
Lebensweise: Die erwachsenen Tiere sind überwiegend nachtaktiv, können aber auch gelegentlich tagsüber beim Nektartrinken beobachtet werden. Sie dringen nachts in Häuser ein, um tagsüber dort zu ruhen (Name!). In Mitteleuropa bringt die Art eine Generation pro Jahr hervor, die erwachsenen Falter flie-

gen von Juni bis Oktober, wobei sie während der heißesten Periode eine Ruhephase (Dormanz) einlegen. Anders als andere Nachtfalter kann die Hausmutter ohne längere Aufwärmphase der Flügel abfliegen. Ein Weibchen legt im Laufe ihres Lebens bis zu 4.000 Eier ab (pro Gelege mehrere hundert Eier). Die Eiablage erfolgt in einiger Höhe über dem Boden, an Zweigen oder künstlichen Strukturen, z. B. Spanndrähten. Die Raupen des ersten und zweiten Stadiums sind tagaktiv, erst ab dem 3. Stadium nachtaktiv und verstecken sich tagsüber am Boden. Sie sind Generalisten und fressen an verschiedenen Gräsern (z. B. *Festuca*, *Dactylis*, *Molinia*, *Deschampsia*), Weiden-Arten, vielen krautigen Pflanzen (u. a. Brennnessel, Ampfer, Labkraut), sowie an Nutzpflanzen (u. a. Kohl, Raps, Kopfsalat). Die erwachsenen Tiere trinken Nektar von verschiedenen Blütenpflanzen, im Herbst auch den Saft, der aus Fallobst austritt.

Ökofaktor: Häufiger Nachtfalter ohne besondere Spezialisierung, nicht gefährdet. Obwohl Nutzpflanzen zu ihrem Nahrungsspektrum gehören, gilt sie nicht als Schädling, höchstens als Lästling, da die flatternden Falter im Haus bei Menschen mit Insektenphobie Angstzustände auslösen können.

Ähnliche Arten: Weitere Arten der Gattung *Noctua*; diese mit deutlichem Diskalfleck auf dem Hinterflügel, der bei der Hausmutter meist fehlt.

Raupe

Schnabelfliegen, Mecoptera

Ca. 750 Arten weltweit; 10 in Deutschland.
Kopf schnabelartig nach unten verlängert, mit beißenden Mundwerkzeugen an der Spitze. Flügel häutig, gleichartig, reich geadert und schmal, oder reduziert. Die heimischen Arten ernähren sich von lebender Beute, Tierleichen oder Pflanzenteilen. Entwicklung holometabol; Larven raupenähnlich.
Größte Art: *Thyridates chilensis* (Bittacidae), Flügelspannweite bis 7 cm; Chile.
Kleinste Art: *Caurinus dectes* (Boreidae), Körperlänge 1,4 mm; Nordamerika.

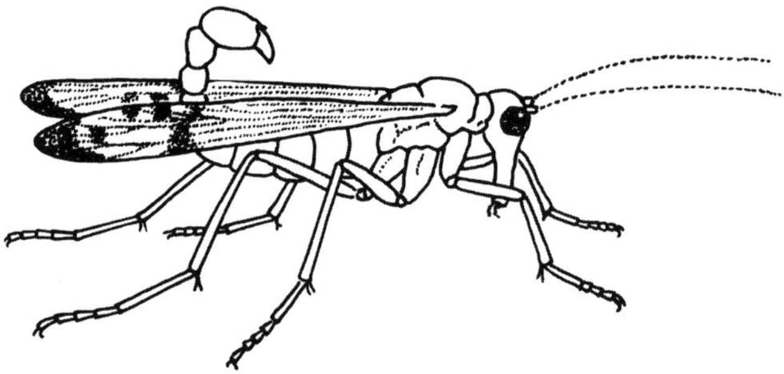

Gemeine Skorpionsfliege

Panorpa communis
Skorpionsfliegen, Panorpidae

Männchen

Weibchen

Körperlänge: Ca. 3 cm. Flügelspannweite: 2,5–3 cm.
Merkmale: Schnabelartig verlängerter Kopf; die Mundwerkzeuge sind beißend und sitzen an der Spitze des Schnabels. Lange, deutlich sichtbare Antennen; zwei gleichartige Flügelpaare. Beim Männchen sitzt an der Hinterleibsspitze eine rötlich-braune Greifzange, die ähnlich wie ein Skorpionsstachel nach oben gebogen ist.
Färbung: Vordere Hinterleibssegmente kontrastreich gelb-schwarz gefärbt, Schwarzanteile ober- und unterseits, die Seitenbereiche gelb. Flügel mit dunklen Flecken und durchgehender schwarzer Querbinde. Greifzange der Männchen rötlich-braun.
Verbreitung: in ganz Mitteleuropa, von den Britischen Inseln, dem südlichen Skandinavien, bis zu den westlichen Teilen Russlands und der nördlichen Balkanhalbinsel.
Lebensweise: Die Art bevorzugt dunkle und feuchte Lebensräume, z. B. in Wäldern, auf Wiesen, an Wegrändern, auch Hecken. Die erwachsenen Tiere ernähren sich von toten oder geschwächten Insekten, suchen auch die Netze von Webspinnen auf und bedienen sich aus deren Beute. Dieses Verhalten (Kleptoparasitismus) wird von den Spinnen geduldet; die Skorpionsfliegen bleiben unbehelligt. Die Larven ähneln Schmetterlingsraupen und ernähren sich ähnlich wie die Erwachsenen. Bemerkenswert ist das Paarungsverhalten der Skorpionsfliege: Vor der Paarung winkt das Männchen mit den Flügeln, versetzt seine Greifzange (das Begattungsorgan) in Vibrationen und überreicht dem Weibchen ein „Hochzeitsgeschenk", entweder ein Nahrungsbröckchen oder ein selbst produziertes, eiweißhaltiges Sekret. Das Weibchen prüft das Geschenk (ein Indikator für die genetische Fitness des Männchens), bevor es das Männchen zur Paarung akzeptiert. Die Paarung selbst kann bis zu 2 Stunden dauern.
Ökofaktor: Fast überall häufig. Ungefährlich und ungefährdet.
Ähnliche Arten: Gemeine Großpunkt-Skorpionsfliege, *Panorpa vulgaris*, und die Deutsche Skorpionsfliege, *Panorpa germanica*.

Zweiflügler, Diptera (Mücken, Fliegen)

Weltweit ca. 160.000 Arten, in Deutschland ca. 9.450.
Man unterscheidet 226 (!) Familien. Die Zweiflügler werden traditionell in zwei äußerlich gut unterscheidbare Gruppen eingeteilt: Mücken (Nematocera) und Fliegen (Brachycera). Allerdings entspricht diese „klassische" Einteilung nicht den natürlichen Verwandtschaftsverhältnissen: Nur die Brachycera bilden eine geschlossene Abstammungsgemeinschaft (Monophylum). Sie wird trotzdem aus Gründen der Praktikabilität hier beibehalten.
Merkmale: Körperbau zart, filigran (Mücken, Nematocera) oder kompakt (Fliegen, Brachycera); Fühler fadenförmig, aus vielen Gliedern zusammengesetzt, oft buschig gefiedert (Mücken, Nematocera) oder kurz (Fliegen, Brachycera).
Mundwerkzeuge stechend-saugend, saugend oder leckend-saugend; auffälligstes Merkmal ist die Ausbildung der Flügel: die Vorderflügel sind voll ausgebildet, die Hinterflügel zu Schwingkölbchen reduziert. Diese bestehen aus einem kleinen Stiel mit einer endständigen Verdickung und dienen der Eigenwahrnehmung im Raum während des Fluges. Die schnelle Verarbeitung der dadurch gewonnenen Informationen ermöglicht waag- und senkrechte Kurven- und Zick-Zacklinienflüge.
Entwicklung holometabol. Larven mit deutlich abgesetzter Kopfkapsel und Stummelbeinen (Mücken, Nematocera) oder ohne Kopfkapsel und beinlos (Fliegen-„Maden", Brachycera). Larven und Erwachsene Tiere besiedeln viele unterschiedliche Lebensräume an Land und im Wasser, eine Art kommt sogar in der Antarktis vor, andere können in Erdölpfützen überleben. Ebenso vielfältig sind die Lebensformen: Blütenbesucher, Räuber und rein parasitische Arten.
Am Beispiel der Zweiflügler zeigt sich besonders deutlich, warum eine international verbindliche Benennung unabdingbar ist. Allein im deutschsprachigen Raum existieren zahlreiche lokal gebräuchliche Bezeichnungen für ein- und dieselbe Gruppe, z. B. für Stechmücken (Culicidae): Gelsen, Staunzen, Stauzen, Stanzen (Bayern, Österreich), Gnitten (Norddeutschland), Schnaken (Süddeutschland). Die Bezeichnung „Schnaken" steht in der Zoologie jedoch für die Arten einer anderen – nicht-stechenden - Zweiflüglerfamilie, den Tipulidae (die in bestimmten Regionen auch „Schneider" genannt werden. Die Bezeichnung „Moskito" wiederum entstammt dem spanischen/portugiesischen Wort „mosquito" (wörtlich: „kleine Fliege", das ebenfalls „Mücke" bedeutet).
Größte Art: Die Fliege *Gauromydas hero* (Mydidae), Körperlänge bis 7 cm, Flügelspannweite 10 cm; tropisches Südamerika.
Kleinste Art: Fliegenart aus der Familie der Buckelfliegen (Phoridae), *Megapropodiphora arnoldi* (aufgrund der relativ großen Vorderextremitäten nach Arnold Schwarzenegger benannt), Körperlänge 0,395 mm; Amazonas-Gebiet, Brasilien.

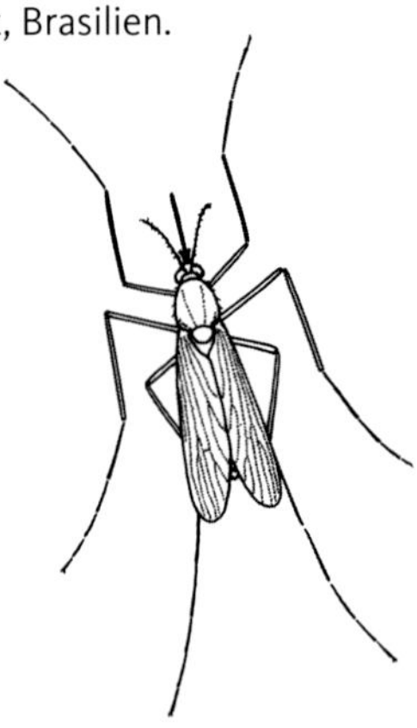

Wiesen- oder Sumpfschnake

Tipula paludosa
Schnaken, Tipulidae

Körperlänge: Weibchen 1,9–2,5 cm, Männchen 1,6–1,8 cm. Larven bis zu 4,4 cm.
Merkmale: Erwachsene Tiere mit langgestrecktem Körper; Hinterleib walzenförmig; Kopf vor den Komplexaugen mit Fortsatz (Rostrum); Beine sehr lang und dünn; Flügel beim Männchen länger als beim Weibchen; Weibchen nur eingeschränkt flugfähig (wenige Meter); Flügel in Ruhestellung schräg nach hinten abgespreizt. Körper der Larven langgestreckt, zylindrisch, ohne Beine oder seitliche Fortsätze. Kopfkapsel sehr klein, kann in den Rumpf zurückgezogen werden. Körper am Hinterende mit einer dunklen, stark sklerotisierten Platte, die die Atemöffnungen (Stigmen) trägt.
Färbung: Körper der erwachsenen Tiere hell- bis dunkelgrau, bei Weibchen auch rötlich; Flügel transparent, ohne Zeichnungselemente. Larven bräunlich.
Verbreitung: West- bis Zentraleuropa; von der Iberischen Halbinsel bis Mitteleuropa, im Norden bis zu den Faröern und Mittelschweden, im Süden bis Norditalien und dem nördlichen Balkan.
Lebensweise: Die Art bevorzugt offene, unbewaldete Lebensräume. Oft in Gebieten mit geschlossener Grasdecke, landwirtschaftlichen Grünlandflächen, Wiesen, Weiden, Rasenflächen, auch in Parks, Gärten und Sportplätzen. Die Art ist an Gräser gebunden: Die Larven sind Pflanzenfresser und ernähren sich von Graswurzeln; nachts verlassen die Larven zuweilen ihre Erdgänge und fressen auch oberirdische Pflanzenteile. Die erwachsenen Tiere stechen nicht: Ihre leckend-saugenden Mundwerkzeuge können nur offene Säfte aufnehmen (Wasser, freiliegende Nektarquellen).
Ökofaktor: Bei Massenauftreten, bedingt z. B. durch milde Winter, verursachen die Larven Schäden an Rasenflächen (Welke, kahle Stellen).
Ähnliche Art: Kohlschnake, *Tipula oleracea*. Die beiden Arten sind gut unterscheidbar. Bei der Wiesenschnake sind die Flügel des Weibchens kürzer als der Hinterleib, bei der Kohlschnake länger als der Hinterleib.

Gemeine Stechmücke

Culex pipiens
Stechmücken, Culicidae

Körperlänge: 3–7 mm
Merkmale: Körper zart, schlank, langgestreckt, mit schmalen Flügeln und langen Beinen. Kopf beim Weibchen mit Stechrüssel, beim Männchen mit Saugrüssel. Männchen mit deutlich gefiederten Fühlern.
Färbung: Hinterleibssegmente dunkelbraun und weiß gebändert.
Verbreitung: Weltweit (außer Antarktis). In Europa eine der häufigsten Arten der Stechmücken (Culicidae).
Lebensweise: Die Weibchen sind Blutsauger an Säugetieren, Vögeln und Amphibien; die Männchen saugen Nektar und Pflanzensäfte. Die Weibchen stechen während der Dämmerung oder nachts, und dringen auch in Wohnungen ein. Sie lokalisieren ihre Wirte anhand von Temperaturgradienten, optischen Reizen und Duftstoffen (Schweiß, Kohlendioxid). Während einer Blutmahlzeit nimmt das Weibchen das 2-3fache seines Körpergewichts an Blut auf; dieses wird für die Reifung der Eier benötigt. Die Eier (200-300) werden an der Wasseroberfläche abgelegt und zusammengeklebt, sodass eine Art „Schiffchen" entsteht. Nach dem Schlupf hängen die Larven mit dem Kopf nach unten an der Wasseroberfläche, ihr Hinterende ist durch ein Atemrohr mit der Wasseroberfläche verbunden. Die Entwicklung der Larve bis zum erwachsenen Tier dauert je nach Wassertemperatur 10-40 Tage; die Art bringt entsprechend mehrere

Generationen pro Jahr hervor. Brutstätten sind Gewässer aller Größen, Seen, Teiche, Tümpel, aber auch Pfützen und sogar salzhaltige Gewässer, sowie Wasserbehälter in Siedlungsgebieten (z. B. Regentonnen). Bevorzugt werden stark eutrophierte (nährstoffreiche) Gewässer. Die Larven ernähren sich von kleinen organischen Partikeln, Algen und Kleinstlebewesen.
Ökofaktor: Der Speichel der Mücke, der beim Stich in die Wunde gelangt, enthält Gerinnungshemmer, die Allergien auslösen können. Die Gemeine Stechmücke ist in nördlichen gemäßigten Breiten der Hauptüberträger des West-Nil-Virus, v. a. in Amerika, seltener in Europa. Der Klimawandel begünstigt die Vermehrung der Mücken, da die Entwicklung der Larven durch höhere Wassertemperaturen begünstigt wird. – Stechmücken sind eine wichtige Nahrungsquelle für dämmerungs- und nachtaktive Vögel und Fledermäuse.
Ähnliche Arten: In Mitteleuropa existieren ca. 100 Arten Stechmücken (Culicidae), die mit bloßem Auge nicht unterscheidbar sind.

Larven und Puppe (Mitte), von der Wasseroberfläche herabhängend

Asiatische Tigermücke

Aedes (Untergattung Stegomyia) albopictus
Stechmücken, Culicidae

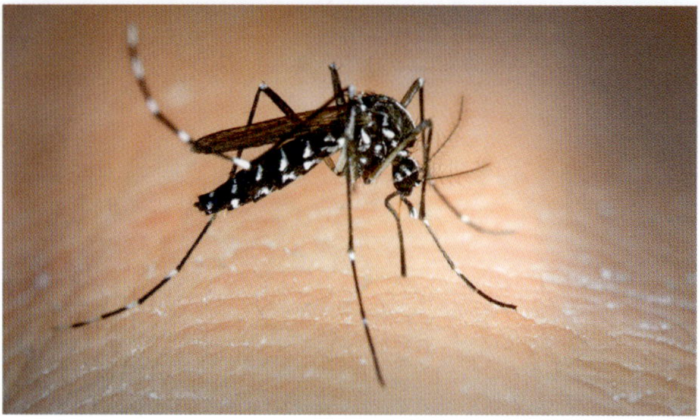

Körperlänge: 2–10 mm
Merkmale: Gestalt ähnlich wie die Gemeine Stechmücke und andere Stechmücken-Arten: Körper zart und schlank, mit langen Beinen; Fühler beim Männchen buschiger gefiedert als beim Weibchen.
Färbung: Schwarz-weiß gefärbt; mit auffällig gestreiften Hinterbeinen und einem weißen Längsstrich auf der Oberseite des Kopfes und des Brustabschnitts. Flügel transparent, jeweils mit einem weißen Fleck an der Basis der Flügelrandader.
Verbreitung: Ursprünglich in Süd- und Südostasien; inzwischen durch Warentransporte, v. a. auf dem Seeweg, und durch Reisetätigkeit weltweit verbreitet. Die erwachsenen Tiere haben nur eine Flugreichweite von wenigen hundert Metern. Daher erfolgt die Verbreitung passiv, meist durch die wasserlebenden Larven, Eier oder Puppen (z. B. in Wasserbehältern von Schnittblumen). Die globale Erwärmung begünstigt die Etablierung in Gebieten außerhalb des ursprünglichen Verbreitungsgebiets. In Europa seit 1979, in Süddeutschland erstmals 2007 nachgewiesen; von dort aus Ausbreitung nach Norden (bisher nördlichster Punkt: Berlin; 2022 dort auch Überwinterung).
Lebensweise: Die Weibchen sind Blutsauger; die Männchen saugen Nektar und Pflanzensäfte. Anders als die Gemeine Stechmücke ist die Asiatische Tigermücke tagaktiv und verfolgt ihre Wirte (Säugetiere und Vögel) hartnäckig, auch ins Innere von Behausungen. Tigermücken stechen oft mehrere Wirte abwechselnd, was sie zu effektiven Überträgern von Krankheitserregern (s. u.) macht. Die Eier werden auch in kleinsten Wasseransammlungen abgelegt (z. B. wassergefüllten Astlöchern, Blattachseln). Sie sind trockenresistent und können Kälteperioden überdauern. Bei zunehmender Feuchtigkeit schlüpfen die wasserlebenden Larven; die gesamte Larvalentwicklung und Verpuppung erfolgt im Wasser.
Ökofaktor: Ähnlich mit dem Menschen vergesellschaftet wie die Gemeine Stechmücke (S. 158 f.). Im Siedlungsbereich des Menschen findet die Tigermücke ideale Brutstätten: Regentonnen, wassergefüllte Konservendosen und Autoreifen, Blumenvasen, Eimer, selbst Untersetzer von Blumentöpfen. Die Ausbreitung der Tigermücke kann durch Vermeidung offener Wasserbehälter im Freien eingedämmt werden. Die Art überträgt verschiedene Krankheitserreger (Arboviren), z. B. West-Nil-Virus, sowie die Erreger des Dengue- und Chikungunya- Fiebers, und eventuell auch des Zika-Virus.
Ähnliche Arten: In Gestalt und Verhalten ähnlich wie andere Stechmücken-Arten, aber durch die auffällige Ringelung der Hinterbeine und v. a. durch den weißen Längsstrich auf Kopf und Brustabschnitt erkennbar.

Abortfliege

Clogmia albipunctata
Schmetterlingsmücken, Psychodidae

Körperlänge: Erwachsene Tiere 4–5 mm; Flügelspannweite ca. 6 mm
Merkmale: Körper gedrungen; Körper und Flügel dicht mit feinen, haarartigen Borsten bedeckt; Fühler fadenförmig; Flügel lanzettlich-oval, zugespitzt, in Ruhestellung flach dachförmig über dem Rücken gelegen, dadurch sehen die Tiere wie winzige Schmetterlinge aus. Larve langgestreckt, mit deutlich abgesetzter Kopfkapsel.
Färbung: Rumpf und Hinterleib der erwachsenen Tiere graubraun, mit je 2 dunklen Punkten nahe der Flügelbasis und einer Reihe von 8-9 hellen Flecken entlang des Flügelhinterrandes. Larve weißlich.
Verbreitung: Ursprünglich wohl tropisch und subtropisch, inzwischen weltweit verbreitet; in Mitteleuropa synanthrop in Häusern.
Lebensweise: Die Larven ernähren sich in ihrem ursprünglichen Lebensraum (wassergefüllte Höhlungen in Baumstämmen) von verwesender organischer Substanz. Im Siedlungsbereich des Menschen suchen sie stark verschmutzte Kleinstgewässer auf, z. B. Fäkaliengruben, oder selten genutzte Duschen und WCs. Dort weiden die Larven Biofilme (= Schleimschicht aus Bakterien, Algen, Pilzen und Einzellern) ab, die sich an den inneren Wandungen von Abflussrohren bilden.
Ökofaktor: Wichtige Rolle im Abbau organischer Substanzen, für den Menschen prinzipiell unschädlich, kann aber durch Verschleppung von Krankheitskeimen zu einem Hygieneproblem werden (z. B. in Krankenhäusern). Bekämpfung durch Reinigung der Abläufe und Abflüsse; offene Bodenabläufe möglichst vermeiden.
Ähnliche Arten: Mehrere Arten der Schmetterlingsmücken werden aufgrund ähnlicher Lebensweise als „Abortfliegen" bezeichnet. Sie sind mit bloßem Auge für den Laien nicht unterscheidbar.

Zuckmücke

Chironomus plumosus
Zuckmücken, Chironomidae

Körperlänge: Erwachsene Tiere 9–13 mm, Flügel 6-8 mm. Larven bis zu 2,5 cm.
Merkmale: Sehr zarte, schlanke Mückenart; vorderes Beinpaar verlängert, dient als zusätzlicher Fühler; Fühler beim Weibchen fadenförmig, beim Männchen fein gefiedert, büschelförmig; Flügel kürzer als der Hinterleib, in Ruhestellung dachförmig zusammengelegt.
Färbung: Erwachsene Tiere unauffällig bräunlich, gelblich bis schwarz, Beine heller. Larven blutrot, oft auch dunkelbraun bis schwärzlich.
Verbreitung: Auf der Nordhalbkugel weit verbreitet: in Europa von Skandinavien bis in Mittelmeergebiet, über Sibirien bis zur Koreanischen Halbinsel, Japan, China; in Nordamerika von Kanada bis Mexiko. An Gewässern aller Art überall häufig.
Lebensweise: Die erwachsenen Tiere nehmen kaum oder keine Nahrung auf. Von April bis September bilden die Männchen bei warmer Witterung in der Dämmerung dichte, teilweise sehr große Schwärme, die wie Säulen über den Gewässern stehen. Befruchtete Weibchen legen ihre Eier als Pakete an der Wasseroberfläche ab. Diese sinken auf den Grund der Gewässer, wo die Larven schlüpfen. Diese entwickeln sich im Schlamm am Grund in feinen Gespinströhren und ernähren sich von kleinsten organischen Partikeln und Algen. Ihre rote Farbe verdanken sie Hämoglobin, das ihnen das Überleben in sauerstoffarmen Bereichen ermöglicht.
Ökofaktor: Die Larven sind eine wichtige Nahrungsquelle für Fische und andere Wassertiere; sie werden von Anglern als Köder verwendet. Die großen Schwärme der Männchen, die regelmäßig auch abends an erleuchteten Fensterscheiben auftreten, werden zuweilen vom Menschen als lästig empfunden.
Ähnliche Arten: Zuckmücken-Arten ähneln bei oberflächlicher Betrachtung Stechmücken, sind jedoch keine Blutsauger. Innerhalb der Gattung *Chironomus* sind die Arten anhand äußerlicher Merkmale nur sehr schwer oder nicht unterscheidbar.

Großer Wollschweber

Bombylius major
Wollschweber, Bombyliidae

Körperlänge: 9–12 mm
Merkmale: Körper gedrungen, ähnlich einer Hummel; dicht mit feinen Borsten besetzt („Pelz“); mit auffällig langem Saugrüssel, der in Ruhestellung gerade nach vorn ausgestreckt ist. Fühler kurz.
Färbung: „Pelz“ braun bis gelblich-beige; Vorderrand der Flügel mit dunkler, nach hinten gezackter Binde, hintere Flügelhälfte transparent.
Verbreitung: In Europa, Nordafrika, Asien und Nordamerika weit verbreitet.
Lebensweise: Der Große Wollschweber kommt an Weg- und Waldrändern, auf Lichtungen und Wiesen sowie in Gärten vor, oft in der Nähe der Nester von Grabwespen und solitären Bienen. Die erwachsenen Tiere nehmen mit ihrem Saugrüssel ausschließlich Nektar auf, dabei schweben sie wie ein Kolibri vor der Blüte; sie sind schnelle und wendige Flieger. Die Paarung erfolgt während des Fluges, anschließend legt das Weibchen die Eier vor die Eingänge der Wirtsnester und verdeckt sie mit etwas Sand. Die Larven dringen in die Wirtsnester ein und fressen erst die Vorräte ihrer Wirte, dann die Larven der Wirte (v. a. Grabwespen, solitäre Bienen, Eulenfalter).
Ökofaktor: Der Große Wolfschweber nutzt als erwachsenes Tier ein ähnliches Nahrungsspektrum wie die Honigbiene und ist daher ebenfalls ein wichtiger Bestäuber. Die Larven sind Brutparasiten an anderen Insekten.
Ähnliche Art: Der Gefleckte Wollschweber, *Bombylius discolor*, ist etwas größer als der Große Wollschweber; seine Flügel sind dunkel gefleckt.

Regenbremse

Haematopota pluvialis
Bremsen, Tabanidae

Körperlänge: 8–12 mm
Merkmale: Körper schlank, langgestreckt; Kopf mit Augen breiter als der Brustabschnitt; große Facettenaugen (beim Weibchen deutlich getrennt, beim Männchen in der Mittellinie zusammenstoßend); Stechrüssel beimWeibchen kurz, kräftig; beim Männchen zurückgebildet; Fühler relativ kurz, kräftig, hornartig nach vorne und oben gerichtet.
Färbung: Körper graubraun; Facettenaugen weinrot, beim Weibchen mit auffälligen regenbogenfarbigen Zackenbinden; Flügel milchig graubraun, mit kontrastierenden hellen Binden und Flecken.
Verbreitung: In der gesamten Paläarktis weit verbreitet, bis in Höhenlagen von ca. 2.000m. Häufigste Bremsenart in Mitteleuropa.
Lebensweise: Die Art bevorzugt feuchtes, offenes Gelände, z. B. Sümpfe und Feuchtwiesen in Waldnähe (nicht im Wald). Das Weibchen benötigt Blutmahlzeit für die Reifung seiner Eier; die Männchen sind Blütenbesucher. Die Regenbremse sticht v. a. bei schwülem Wetter kurz vor oder bei Regen (Name!); sie nähert sich ihren Wirten (Säugetiere, auch der Mensch) lautlos. Die Eier werden an Pflanzen in Wassernähe abgelegt; die Larven entwickeln sich im Wasser oder in feuchtem Boden und ernähren sich von kleinen organischen Partikeln und Aas.
Ökofaktor: Der Stich der Regenbremse ist schmerzhafter als der der Stechmücken: ihre Stechborsten sind nicht wie bei Stechmücken feine Nadeln, sondern breite Stilette, die größere Wunden reißen. Es kommt zu sofortiger Quaddelbildung, begleitet von starkem Juck-

reiz. In wärmeren Regionen kann die Regenbremse die Erreger des Milzbrandes von Paarhufern (Rinder, Schafe, Schweine) auf den Menschen übertragen; in gemäßigten Breiten spielt die Regenbremse als Überträger von Krankheiten derzeit keine Rolle. Es können jedoch Sekundärinfektionen auftreten, wenn durch Kratzen Hautkeime in die Wunde gelangen.

Ähnliche Arten: Die Rinderbremse, *Tabanus bovinus*, mit 1–2,4 cm sehr viel größer als die Regenbremse, und *Hybomitra tropica* (kein deutscher Name bekannt), mit ähnlicher Körpergröße wie die Regenbremse, jedoch sind die Facettenaugen grün mit schmalen roten Querstreifen; sticht v. a. Weidevieh.

Kopf von vorne: Augen mit charakteristischen Zackenbinden

Gemeine Raubfliege

Tolmerus atricapillus
Raubfliegen, Asilidae

Körperlänge: 14–18 mm
Merkmale: Kopf mit großen Komplexaugen und kurzen Fühlern; Oberseite des Brustabschnitts mit langen, kräftigen Borsten besetzt; Hinterleib langgestreckt, schlank, zylindrisch, ca. 2mal so lang wie Kopf und Brustabschnitt zusammen; Schienen und Fußglieder besonders der Vorderbeine mit langen Dornen. Flügel schmal, in Ruhestellung flach über dem Hinterleib gelegt, kürzer als der Hinterleib.
Färbung: Körper unauffällig gefärbt, graubraun bis schwärzlich braun; Flügel transparent, ohne auffällige Zeichnungselemente.
Verbreitung: In der Paläarktis weit verbreitet, v. a. in Mittel- und Osteuropa, Russland, in Südeuropa bis Griechenland. In Deutschland die häufigste Raubfliegenart.
Lebensweise: Die erwachsenen Tiere suchen einen exponierten Ansitzpunkt auf, bevorzugt an sonnigen Wegrändern oder auf Waldlichtungen (z. B. Holzstöße, Blätter, Zweige, Grashalme, Steine), von wo aus sie vorbeifliegenden Insekten, z. B. Bienen, Heuschrecken, Fliegen und Wespen, auflauern. Das Beutetier wird im Flug mit den bedornten Vorderbeinen gepackt, mit dem Rüssel aufgespießt und ausgesaugt. Der Speichel enthält hochgiftige Substanzen und Verdauungsfermente. Das Weibchen legt seine Eier in der Vegetation ab; die Larven ernähren sich von Insekten, insbesondere von Käferlarven.
Ökofaktor: Räuber von Insekten, u. a. Wildbienen. Die Art ist nicht gefährdet.
Ähnliche Arten: Weitere Arten der Gattung *Tolmerus*, z. B. die Fuchsrote Raubfliege, *Tolmerus calceatus*.

Hainschwebfliege

Episyrphus balteatus
Schwebfliegen, Syrphidae

Körperlänge: 10–11 mm

Merkmale: Körper der erwachsenen Tiere relativ schmal; Kopf etwas breiter als der Brustabschnitt, mit großen Komplexaugen; Fühler kurz und nach vorne ausgerichtet; Flügel in Ruhestellung seitlich ausgebreitet. Larven madenförmig, ohne gesetzte Kopfkapsel, Haut transparent, weißlich oder grünlich schimmernd.

Färbung: Augen rötlich; Brustabschnitt kupferfarben, glänzend, mit 3 grauen Längsbinden; Hinterleib gelb mit schwarzen Querbinden; 2. Hinterleibssegment zusätzlich mit schwarzer Kreuzzeichnung.

Verbreitung: Europa, Asien, Nordamerika. In fast allen Lebensräumen sehr häufig. Die Hainschwebfliege ist ein Wanderinsekt. Im Herbst ziehen die Tiere aus Mitteleuropa in den Mittelmeerraum; sie überqueren dabei die Alpen und die Pyrenäen. Die Flughöhe variiert: bei Rückenwind bis zu über 1.000m, bei Gegenwind versuchen die Schwebfliegen die ungünstigen Luftströmungen zu unterfliegen und fliegen in geringen Höhen. Im Frühjahr erfolgt der Zug in umgekehrter Richtung. Einige begattete Weibchen überwintern auch vor Ort und können an warmen Wintertagen oder im zeitigen Frühjahr an den Blüten einiger Frühjahrsblüher beobachtet werden.

Lebensweise: Die erwachsenen Tiere besitzen einen kurzen Saugrüssel und benötigen daher Blüten, in denen Nektar und Pollen leicht zugänglich sind, wie z. B. Ringelblume, Löwenzahn, sowie Blüten der Petersilie und anderer Doldenblütler (Apiaceae)-Arten, aber auch Frühlingsblüher wie Winterlinge, Huflattich und Weidenkätzchen. Die Larven sind Räuber: sie wedeln mit ihrem Vorderende hin und her ergreifen, bis sie ein Beutetier, z. B. eine Blattlaus, aufgespürt haben, ergreifen es mit ihren stilettartigen Mundhaken und saugen es aus.

Ökofaktor: Die erwachsenen Tiere sind als Blütenbesucher wichtige Bestäuber. Die Larven ernähren sich räuberisch von pflanzenfressenden Insekten, z. B. Blattläusen oder den Raupen von Blattwespen. Sie werden zur biologischen Schädlingsbekämpfung eingesetzt und eigens dafür gezüchtet.

Ähnliche Arten: Aufgrund ihrer auffälligen schwarz-gelben Warnfärbung wird die Hainschwebfliege oft mit Wespen verwechselt (Mimikry). Insekt des Jahres 2004.

Schwarzbäuchige Taufliege

Drosophila melanogaster
Taufliegen, Drosophilidae

Körperlänge: Erwachsene Tiere 3–5 mm; Larven 0,5–2,5 mm
Merkmale: Körper der erwachsenen Tiere klein und gedrungen; Kopf mit großen Komplexaugen; Kopf und Brustabschnitt mit Borsten besetzt. Larven madenförmig.
Färbung: Körper rötlich-braun; Flügel transparent, mit gebänderter oder fleckiger Zeichnung. Larven madenförmig, weißlich.
Verbreitung: Ursprünglich tropisch und subtropisch, inzwischen gemeinsam mit dem Menschen weltweit verbreitet und fast überall häufig.
Lebensweise: Die anspruchslose Art nistet in überreifem Obst und verfaulendem Gemüse, in Abfalleimern, in leeren Flaschen, in Kompost-Sammelbehältern. Die Larven entwickeln sich überall, wo ein feuchter Film aus sich zersetzendem organischen Material vorhanden ist, z. B. in gelagertem Obst, in Fruchtsäften, aber auch in Essig; sie ernähren sich von Mikroorganismen, wie z. B. Hefen. Im Sommer und Herbst kann es zu Massenentwicklungen kommen.
Ökofaktor: Unmittelbar für den Menschen Lästlinge. Larvenfraß beschleunigt den Fäulnisprozess von Früchten; Massenbefall von Lebensmitteln bedeutet zwar kein gesundheitliches Risiko, kann aber Ekelgefühle hervorrufen. Effektive Fallen für die erwachsenen Tiere sind offene Essigwasserbehälter mit Spülmittel. Vorbeugende Maßnahmen sind

das Abdecken von Lebensmitteln und das häufige Leeren von Kompostsammelbehältern im Haus. Die Schwarzbäuchige Taufliege ist eine der am besten erforschten Organismen-Arten. Sie ist bereits seit Anfang des 20. Jahrhunderts ein wichtiger Modellorganismus, da sie leicht züchtbar ist: sie hat eine kurze Entwicklungsdauer (vom Ei bis zum erwachsenen Tier in nur 10-14 Tagen), eine hohe Nachkommenzahl (pro Weibchen ca. 400), ist anspruchslos und benötigt für ihre Entwicklung Temperaturen zwischen 10-32°C. Ihr zu verdanken sind wesentliche Erkenntnisse der Genetik, der Genfunktion und -regulation, der Entwicklungs- und der Neurobiologie. Diese Erkenntnisse haben zu Fortschritten in der Medizin und der Biotechnologie geführt.
Ähnliche Arten: Weitere Arten der Gattung *Drosophila*, darunter Wildarten (ökologisch and Gehölze gebunden) und Kulturfolger (an Kompost und verrottenden Früchten).

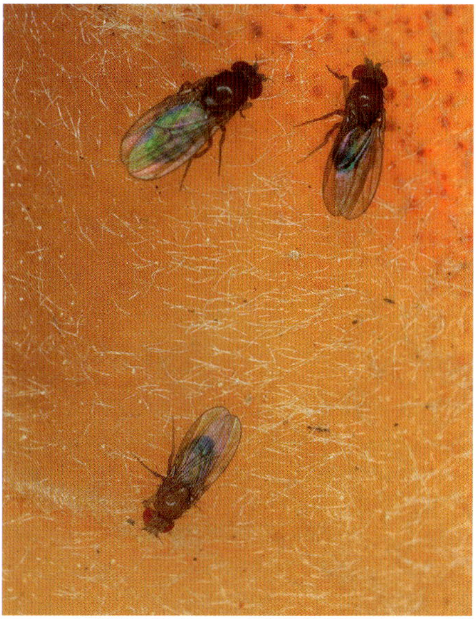

Taufliegen auf einer Frucht

Stubenfliege

Musca domestica
Echte Fliegen, Muscidae

Körperlänge: Erwachsene Tiere 6–8 mm; Larven bis zu 12 mm

Merkmale: Körper gedrungen, komplett mit Borsten besetzt; Kopf mit leckend-saugenden Mundwerkzeugen: Saugrüssel an der Spitze verbreitert zum Auftupfen von Flüssigkeiten; Fühler kurz, mit breiter Basis und fadenförmiger Fühlerborste; Flügel in Ruhestellung in engem Winkel gespreizt. Larven madenförmig, ohne abgesetzte Kopfkapsel, mit zangenartigen Mundhaken; Körper langgestreckt, drehrund, zum Hinterende breiter werdend; Hinterende abgestutzt und mit 2 dunklen Punkten (= Atemöffnungen).

Färbung: Erwachsene Tiere graubraun bis schwärzlich, mit 4 grauen Längsstreifen auf der Oberseite des Brustabschnitts; Komplexaugen rot; Bauchunterseite gelblich; Extremitäten schwarz; Flügel transparent, ohne auffällige Zeichnung; Larven milchig weiß.

Verbreitung: Weltweit, außer in Wüsten, polaren und hochalpinen Regionen; vor allem als Kulturfolger des Menschen.

Lebensweise: Die erwachsenen Tiere saugen an sämtlichen nahrhaften Flüssigkeiten und auch an wasserlöslichen Stoffen, die sie mit ihrem Speichel verflüssigen. Stubenfliegen verfügen über Chemorezeptoren an den Fußgliedern, mit denen sie z. B. Zucker schmecken können. Die Weibchen legen ihre Eier in zersetzendes organisches Material, z. B. Dung, Stallmist, Müll, Kompost, Kot, Nahrungsmittel, sodass die schlüpfenden Larven ein reichhaltiges Nahrungsangebot vorfinden. Stubenfliegen sind ausgesprochen gute Flieger: Sie können mitten im Flug abrupt die Richtung wechseln und Saltos schlagen.

Ökofaktor: In ihrem natürlichen Lebensraum ernähren sich die Larven der Stubenfliege von verrottenden organischen Substanzen und sind daher wichtig für das Recycling in der Natur. Im direkten Umfeld des Menschen wird die Art als Lästling wahrgenommen, da die erwachsenen Tiere auch menschliche und tierische Körperausscheidungen wie Kot und Schweiß aufnehmen und auf diese Weise Krankheitserreger auf Lebensmittel übertragen können, u. a. Ruhr, Typhus, Cholera, Salmonellen. Die Übertragung erfolgt durch die Ausscheidungen der Stubenfliege. Erwachsene Tiere defäkieren bei jeder Landung! In Zukunft könnten die Larven als Proteinquelle anstelle von Fischmehl in der Tierzucht eingesetzt werden; als Futtermittel in der Aquakultur sind sie in der Europäischen Union bereits zugelassen.

Ähnliche Art: Der Wadenstecher, *Stomoxys calcitrans*, besitzt im Gegensatz zur Stubenfliege einen Stechrüssel und saugt Blut an Wirbeltieren. Der Stich ist schmerzhaft. Der Wadenstecher kann die Erreger (Viren, Bakterien) verschiedener Krankheiten übertragen.

Blaue Schmeißfliege

Calliphora vicina
Schmeißfliegen, Calliphoridae

Körperlänge: 8–12 mm
Merkmale: Gestalt sehr ähnlich der Stubenfliege. Körper rundlich, vor allem Brustabschnitt und Hinterleib mit Borsten besetzt; Saugrüssel mit verbreiteter, stempelartiger Spitze. Larven madenförmig, bis 18 mm.
Färbung: Kopf und Brustabschnitt mattschwarz bis mattgrau, Hinterleib stahlblau, glänzend; Flügel durchgängig transparent oder mit bräunlichem Schimmer nahe der Basis.
Verbreitung: Weltweit, v. a. in gemäßigten und subtropischen Regionen, jedoch nicht in sehr heißen Gebieten. In vielen Lebensräumen, auch im Siedlungsbereich des Menschen, überall sehr häufig.
Lebensweise: Die erwachsenen Tiere ernähren sich von Nektar und sind häufig auf Blüten, v. a. auf Dolden, anzutreffen, aber auch von Flüssigkeiten von Aas und Exkrementen. Die Weibchen legen ihre Eier (bis zu 600) an Fleisch ab; die schlüpfenden Larven entwickeln sich in rohem, gekochtem und verwesendem Fleisch, auch in Kadavern.
Ökofaktor: Erwachsene Tiere werden von stark riechenden Pilzen, wie der Stinkmorchel, angezogen und nehmen Sporen des Pilzes durch Aufsaugen des Pilzschleims auf. Die Sporen werden unverdaut wieder ausgeschieden und der Pilz auf diese Weise verbreitet. Die Blaue Schmeißfliege ist sowohl für die Lebensmittelhygiene (Übertragung von Krankheitserregern, z. B. Salmonellen, Amöben, Wurmeier) als auch für die Rechtsmedizin von Bedeutung. Anhand der Entwicklung der Larven in einer Leiche kann die Leichenliegezeit, d. h. der Zeitraum zwischen dem Eintritt des Todes und dem Auffinden der Leiche, ermittelt werden. Die Kenntnis eines möglichst genauen Todeszeitpunkts kann Aufschluss geben über die Identität der Leiche. Die forensische Entomologie ist eine wichtige Teildisziplin der Rechtsmedizin.
Ähnliche Arten: Weitere Arten der Gattung *Calliphora*, äußerlich v. a. anhand von Färbungsmerkmalen unterscheidbar. Die Bestimmung auf Artniveau ist für den Laien schwierig.

Goldfliege

Lucilia sericata
Schmeißfliegen, Calliphoridae

Körperlänge: Erwachsene Tiere 5–11 mm; Larven bis 11 mm

Merkmale: Kopf inkl. Augen kaum breiter als der vordere Brustabschnitt; Körper der erwachsenen Tiere gedrungen, nur locker beborstet; Flügel in Ruhestellung leicht seitlich gespreizt. Larven madenförmig, ohne abgesetzte Kopfkapsel, aber mit deutlich sichtbaren, dunklen Mundhaken; Körper langgestreckt, drehrund, am Vorderende schmal, nach hinten sich allmählich verbreiternd.

Färbung: Körper der erwachsenen Tiere metallisch glänzend goldgrün; Komplexaugen rot; Flügel transparent, ohne Zeichnungselemente; Beine schwarz. Larven rosa (im Handel „Pinky Maden" als Tierfutter in der Terraristik und Aquaristik).

Verbreitung: Eurasien und Nordamerika, mit inselartigen Vorkommen in Südamerika und Südafrika. Im 19. Jahrhundert in Australien und Neuseeland eingeschleppt, dort Schädling in der Schafzucht (s. u.).

Lebensweise: Die erwachsenen Tiere sind tagaktiv und saugen Nektar von Blüten, regelmäßig aber auch an Aas und Exkrementen. Die Larven entwickeln sich in faulenden organischen Stoffen, gelegentlich auch als Wundparasiten beim Menschen. Während die Larven beim Menschen ausschließend absterbendes, nekrotisches Gewebe fressen, dringen sie bei Schafen auch in gesundes Muskelgewebe vor. Die sog. Myiasis (Fliegenmadenkrankheit) verursacht Probleme in der Schafzucht.

Ökofaktor: Die erwachsenen Tiere sind als Blütenbesucher in Mitteleuropa wichtige Bestäuber von Doldenblütlern; aufgrund ihrer Vorliebe für Aas und Exkremente können sie Krankheitskeime übertragen. Die Larven sind temporäre Ektoparasiten beim Menschen und können unter schlechten hygienischen Bedingungen Infektionen auslösen. In der Medizin spielen die Maden eine Rolle bei der Verbesserung der Wundheilung. Spezielle BioBags, eine Art Pflaster, die Maden enthalten, werden als Wundauflage genutzt, u. a. bei Auftreten von Antibiotika-Resistenzen.

Ähnliche Arten: Die Goldfliege kann mit anderen Arten der Gattung *Lucilia* verwechselt werden, z. B. *Lucilia cuprina*, *Lucilia caesar* (häufiger in menschlichen Wohnungen) und *Lucilia richardsi*. Die Bestimmung auf Artniveau anhand äußerer Merkmale ist schwierig.

Graue Fleischfliege

Sarcophaga carnaria
Fleischfliegen, Sarcophagidae

Körperlänge: Erwachsene Tiere 8–19 mm
Merkmale: Körper der erwachsenen Tiere gedrungen; Kopf von der Seite gesehen durch die vorgezogene Stirn „viereckig"; Brustabschnitt an der Seite, Beine und Hinterleib, v. a. an der Spitze mit langen, kräftigen Borsten.
Färbung: Körper der erwachsenen Tiere hellgrau, Brustabschnitt mit dunkelgrauen Längsstreifen; Hinterleib mit hellen Würfelflecken schachbrettartig gemustert; Komplexaugen rot; Flügel transparent, ohne markante Zeichnungselemente.
Verbreitung: In der Paläarktis weit verbreitet. Bevorzugt an Waldrändern; die lichtliebende Art meidet das Innere von Wäldern. Überall sehr häufig, auch im Siedlungsbereich des Menschen.
Lebensweise: Die erwachsenen Tiere ernähren sich von Nektar und sind daher häufig auf Blüten anzutreffen, aber auch von süßen Säften reifer Früchte und vom Honigtau von Blattläusen. Die Weibchen sind lebendgebärend, d. h. sie legen frisch geschlüpfte Larven (keine Eier) an Regenwürmern ab. Die Larven dringen in die Regenwürmer ein, fressen diese von innen her auf und töten dabei ihre Wirte. Die Entwicklung zum erwachsenen Tier dauert nur wenige Tage; entsprechend bringt die Art mehrere Generationen im Jahr hervor. Bei hohen Dichten ernähren sich die Maden auch räuberisch von anderen Maden.
Ökofaktor: Die erwachsenen Tiere sind Blütenbesucher, die Larven Parasitoide an Regenwürmern, und entwickeln sich offenbar nicht wie der Name suggeriert, an (Wirbeltier-)Fleisch oder Aas.
Ähnliche Arten: Die erwachsenen Tiere ähneln in ihrer Gestalt der Stubenfliege (S. 170), sind aber deutlich größer und auffälliger gefärbt.

Weibchen mit Regenwurm

Flöhe, Siphonaptera

Weltweit ca. 2.200 Arten; in Europa ca. 80.
Seitlich abgeplattete, flügellose Insekten. Mundwerkzeuge stechend-saugend. Fühler in einer Grube versenkbar. Komplexaugen klein oder reduziert. Körper meist stark ledrig, gelblich bis schwarzbraun, mit mehreren Borstenkämmen besetzt. Hinterbeine als Sprungbeine ausgebildet. Großes Sprungvermögen: ein Floh kann bis zu 1 m weit springen und erreicht dabei das 200fache der Erdbeschleunigung. Entwicklung hemimetabol; Larven weißlich, zylindrisch, ohne Augen und Beine.
Die erwachsenen Tiere sind Blutsauger (Ektoparasiten) bei Menschen und vielen Tierarten, u. a. Haus- und Nutztiere, Katzen, Hunde, Hühner, und können Krankheitserreger übertragen, beim Menschen z. B. die Erreger des Fleckfiebers und der Beulenpest. Der Menschenfloh, *Pulex irritans*, ist in Mitteleuropa aufgrund verbesserter allgemeiner hygienischer Verhältnisse selten geworden.
Da in Deutschland im Jahr 2021 16 Millionen Hauskatzen gehalten wurden, dürfte die häufigste Floh-Art der Katzenfloh, *Ctenocephalides felis*, sein.
Größte Arten: *Hystrichopsylla schefferi*, 9 mm, Parasit des Stummelschwanzhörnchens, Nordamerika, und der Maulwurfsfloh, *Hystrichopsylla talpae*, 6 mm, Parasit des Europäischen Maulwurfs, Europa.
Kleinste Art: 0,5 mm.

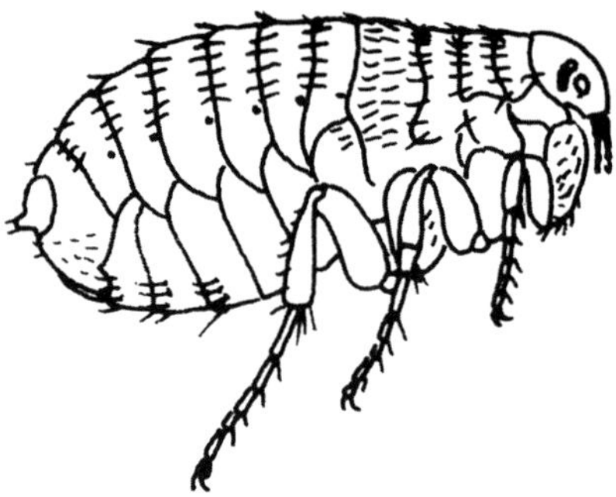

Katzenfloh

Ctenocephalides felis
Pulicidae

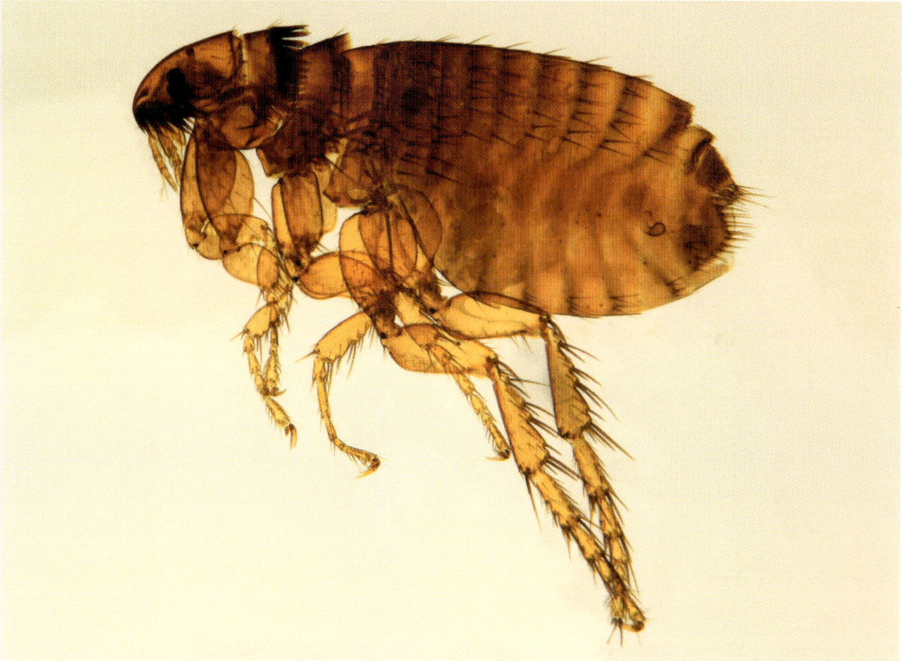

Körperlänge: Männchen 1 mm, Weibchen 2–3 mm
Merkmale: Wie alle Flöhe flügellos, seitlich abgeflacht, Hinterbeine als kräftige Sprungbeine ausgebildet; Kopf und 1. Brustsegment mit nach hinten gerichteten Stachelkämmen zur Verankerung im Haarkleid des Wirts.
Färbung: Körper einheitlich braun bis rotbraun.
Verbreitung: Weltweit. Katzenflöhe sind wenig spezialisiert, parasitieren auch beim Menschen. In städtischen Gebieten sind sie der häufigste Parasit auf Haushunden, während Hundeflöhe eher in ländlichen Gegenden auftreten.
Lebensweise: Nur die erwachsenen Flöhe sind Ektoparasiten; die wurmförmigen, ca. 3 mm großen Larven leben in Gras, in Sand, in Teppichböden, in den Ritzen von Dielenböden. Sie ernähren sich von organischem Material sowie vom verdauten Blut erwachsener Flöhe.
Ökofaktor: Blutsaugender Ektoparasit. Flohbefall vor allem im Spätsommer. Flohstiche können Hautentzündungen auslösen; bei Vorliegen einer Flohallergie treten z. T. schwere Hautveränderungen auf. Katzenflöhe sind Überträger von Krankheitserregern und Zwischenwirt des Gurkenkernbandwurms.
Ähnliche Arten: Hundefloh, *Ctenocephalides canis*, Menschenfloh, *Pulex irritans*, Vogelflöhe (häufig: Hühnerfloh, *Ceratophyllus gallinae*), Igelfloh, *Archaeopsylla erinacei*, Rattenfloh, *Xenopsylla cheopis*.

Wie gestalte ich meinen Garten insektenfreundlich?

Man schützt nur, was man liebt – man liebt nur, was man kennt.
Konrad Lorenz (1903–1989)

Dieser Garten bietet vielfältige Nahrung und Verstecke für Insekten.

Mittlerweile gilt es als erwiesen, dass der Verlust von naturnahen Lebensräumen der vordringliche Grund des seit einigen Jahren beobachteten dramatischen Rückgangs der Insektenvielfalt ist. Mit der Anlage unserer Siedlungen und der Gestaltung unserer Häusern, Gärten und Parks haben wir es in der Hand, Lebensräume für eine Vielzahl von Insektenarten zu erhalten bzw. zu schaffen. Vor allem in unseren Gärten haben wir vielfältige Möglichkeiten für eine insektenfreundliche Anlage und Bepflanzung. Aber selbst auf winzigen Balkonen ist es möglich, durch die Auswahl der richtigen Pflanzen Insekten das ganze Jahr über mit wichtigen Nährstoffen zu versorgen. Auch unsere Bauten bieten Nist- und Überwinterungsmöglichkeiten sowie Nahrung (Vorräte, Textilien, tote und lebende Gewebe von Menschen und Haustieren) für viele Arten.

Ausführliche Anleitungen sowie Auflistungen insektenfreundlicher Pflanzen finden sich sowohl im Internet als auch in entsprechenden Ratgebern (siehe Weiterführende Literatur); auch bieten inzwischen viele Gartenbaubetriebe Beratung und standortgerechte Anlage insektenfreundlicher Gärten an.

Brennnesseln sind wichtige Nährpflanzen für viele Schmetterlings- und Käferarten.

Einige wichtige Punkte seien dennoch hier genannt.

Ideal für Insekten unterschiedlichster Gruppen ist ein an Pflanzenarten reicher Naturgarten mit Stauden, Gräsern, Zwiebelblumen und mit sowohl sonnigen und als auch schattigen Bereichen. Die Pflanzen sollten so gewählt werden, dass immer – vor allem früh und spät im Jahr – Blüten Nektar und Pollen liefern, was z. B. für überwinternde Hummeln hilfreich ist. Ungefüllte Blüten bieten besseren Zugang zu Nektar und Pollen als gefüllte. – Wildkräuter sollten soweit möglich toleriert werden, und Brennnesselecken sind eine wertvolle Nahrungsquelle für die Raupen zahlreicher Schmetterlingsarten. – Wasserstellen bieten Trinkwasser, und feuchter Lehm hilft vielen Insekten beim Anlegen ihrer Nester.

Totholz, Mulm, Steine, Gräser und andere Pflanzen bieten unterschiedliche Lebensräume für Insekten auf kleinem Raum.

Für die Anlage von Hecken eignen sich einheimische blühende Gehölze besser als Thuja (Lebensbaum) und Zypressen. – Der bei vielen Gärtnernden beliebte „englische Rasen" ist als monotone Grasfläche für Insekten unattraktiv und sollte durch Wildwiesen, die selten gemäht werden, ersetzt werden. Das Saatgut für die Wildwiesen sollte so gewählt werden, dass möglichst nur Samen einheimischer Pflanzen enthalten sind. – Totholz-Stapel, Komposthaufen und Trockenmauern bieten Verstecke und Überwinterungsplätze für viele Insektenarten. – Auf Beleuchtung sollte möglichst verzichtet werden. Falls unbedingt nötig, ist die Verwendung insektenfreundlicher warm-weißer LED Lampen ohne UV- und Blauanteile vorzuziehen. – Unbedingt vermieden werden sollte jegliche Anwendung chemischer Düngemittel, „Pflanzenschutzmittel" und Unkrautvernichtungsmittel (Herbizide). – Niemals sollte Erde mit Schotter („Kiesgärten) oder gar mit Kunstrasen bedeckt werden: diese toten Flächen bieten keinen Lebensraum für Insekten.

Komposthaufen sind Nahrungsquellen und Überwinterungsquartiere für viele Gliederfüßerarten.

Naturnahe Gärten bieten unzählige Gelegenheiten, die verschiedensten Insekten bei ihren Lebensäußerungen zu beobachten, sie näher kennenzulernen und ihre Bedürfnisse zu respektieren. Indem wir Insekten nicht als „Nützling“ oder „Schädling“ einstufen, sondern als Partner begreifen, mit denen wir unseren gemeinsamen Lebensraum gestalten, machen wir einen wichtigen Schritt auf dem Weg zu einem nachhaltigeren Umgang mit der Natur.

Wie kann ich selbst aktiv werden?

Die Beobachtung von Insekten übt für die meisten biologisch Interessierten eine große Faszination aus. Oft entsteht daraus der Wunsch, sich näher mit dem Mikrokosmos der Formen und Lebensäußerungen dieser nur auf den ersten Blick unscheinbaren Tiere zu befassen, um mehr über sie zu erfahren oder sich sogar selbst an Forschungsprojekten zu beteiligen. Der Naturschutzbund Deutschland (Nabu) und die Naturkundemuseen (v. a. in Berlin, Frankfurt, Dresden, Görlitz, Halle, Bonn, Stuttgart, München, Hamburg) und die zahlreichen entomologischen Vereine und Fachgruppen bieten vielfältige Möglichkeiten für bürgerwissenschaftliches Engagement. An den Museen, die jeweils umfangreiche Insektensammlungen beherbergen, sind Spezialist:innen für einzelne Großgruppen tätig, die als Ansprechpartner:innen zur Verfügung stehen und Hilfestellung beim Bestimmen leisten können.

Fachgesellschaften und entomologische Vereine auf regionaler, nationaler und internationaler Ebene vernetzen Forschende und insektenkundlich Interessierte im Rahmen von Arbeitskreisen, Konferenzen und durch die Herausgabe von Zeitschriften. In Deutschland ist dies vor allem die Deutsche Gesellschaft für Allgemeine und Angewandte Entomologie (DGaaE). Siehe auch Empfohlene Websites (S. 184).

Auch im Nutzgarten sollte auf sog. „Pflanzenschutzmittel“ verzichtet werden.

Wer zirpt denn da?

Scannen Sie den QR-Code, um die Stimmen der Insekten zu hören!

Die QR-Codes können über (im Internet kostenlose und in mehreren Varianten verfügbare) Software abgerufen werden. Bitte beachten Sie, dass dabei Kosten für die Internetverbindung entstehen können.

Roeseliana roeseli
Roesels Beißschrecke

Tettigonia viridissima
Grünes Heupferd

Pholidoptera griseoaptera
Gemeine Strauchschrecke

Gryllotalpa gryllotalpa
Maulwurfsgrille

Acheta domesticus
Hausgrille

Oecanthus pellucens
Weinhähnchen

Pseudohorthippus parallelus
Gemeiner Grashüpfer

Chorthippus biguttulus
Nachtigall-Grashüpfer

Weiterführende Literatur

Insekten allgemein

Hoch, H. & Wachmann, E. 2022. Insekten – was Sie schon immer fragen wollten. 222 Antworten für Neugierige. Quelle & Meyer.

Bellmann, H. & Honomichl, K. 2007. Jacobs, Renner: Biologie und Ökologie der Insekten – ein Taschenlexikon. 4. Auflage. Spektrum Akademischer Verlag, 766 pp. (zum Zeitpunkt der Drucklegung dieses Buches nur noch antiquarisch erhältlich).

Goulson, D. 2022. Stumme Erde. Warum wir die Insekten retten müssen. Carl Hauser Verlag.

Insektenatlas 2020. Daten und Fakten über Nütz- und Schädlinge in der Landwirtschaft. Hrsg.: Heinrich-Böll-Stiftung, BUND, Le Monde diplomatique. 3. Auflage. Kostenlos erhältlich über die Homepages der Heinrich-Böll-Stiftung (www.boell.de/insektenatlas) oder des BUND (Bund für Umwelt und Naturschutz Deutschland e.V. (www.bund.net/insektenatlas)

Schmitt, Michael. 2022. Insektenwunderwelt – Einstieg in die Entomologie. Springer.

Bestimmungsbücher für alle Insektengruppen

Bellmann, H. 2020. Welches Insekt ist das? Franckh-Kosmos Verlags-GmbH & Co. KG Stuttgart

Brohmer – Fauna von Deutschland (Hrsg. M. Schäfer), 25. Auflage, 2018. Quelle & Meyer.

Klausnitzer, B. (Hrsg.) 2011: Exkursionsfauna von Deutschland, Band 2, 11. neu bearbeitete und erweiterte Auflage. – Spektrum Akademischer Verlag Heidelberg. 976 S.

Insektenfreundlicher Garten

Klausnitzer, U. 1994: Biotope im Garten. – Neumann Verlag Radebeul: 159 S., 198 Zeichnungen, 21 Farbfotos.

Schäffer, A. & N. 2020. Ein Garten für Insekten. Schmetterlinge, Libellen und andere Wirbellose fördern, beobachten und schützen. Quelle & Meyer.

Insekten im Haus

Wilfert, S. 2018. Heimliche Haustiere. Grubbe Media.

Insekten an und im Wasser

Engelhardt, W. 2020. Was lebt in Tümpel, Bach und Weiher? Pflanzen und Tiere unserer Gewässer. Kosmos.

Pflanzengallen

Bellmann, H., Spohn, M. & Spohn, R. 2018. Faszinierende Pflanzengallen. Entdecken – Bestimmen – Verstehen. Quelle & Meyer.

Libellen

Frank, M. & Bruens, A. 2022. Die Libellen Deutschlands. Entdecken – Beobachten – Bestimmen. Quelle & Meyer.

Wildermuth, H. & Martens, A. 2018. Die Libellen Europas. Alle Arten von den Azoren bis zum Ural im Porträt. Quelle & Meyer.

Heuschrecken

Fischer, J., Steinlechner, D., Zehm, A., Poniatowski, D., Fartmann, T., Beckmann, A. & Stettmer, C. 2020. Die Heuschrecken Deutschlands und Nordtirols. Bestimmen – Beobachten – Schützen. Quelle & Meyer.

Fischer, J., Steinlechner, D., Zehm, A., Poniatowski, D., Fartmann, T., Beckmann, A. & Stettmer, C. 2022. Heuschrecken im Feld bestimmen. Quelle & Meyer.

Wanzen

Deckert, J. & Wachmann, E. 2020. Die Wanzen Deutschlands. Entdecken – Beobachten – Bestimmen. Quelle & Meyer.

Zikaden

Mühlethaler, R., Holzinger, W., Nickel, H. & Wachmann, E. 2019. Die Zikaden Deutschlands, Österreichs und der Schweiz. Entdecken – Beobachten – Bestimmen. Quelle & Meyer.

Strümpel, H. 2010. Die Zikaden. Die Neue Brehm-Bücherei. Westarp Wissenschaften.

Netzflügler

Wachmann, E. & Saure, C. 1997. Netzflügler, Schlammfliegen und Kamelhalsfliegen. Beobachtung, Lebensweise. Naturbuch Verlag, Augsburg

Käfer

Harde, K.W., 2021. Der Kosmos Käferführer. Die Käfer Mitteleuropas. Franckh-Kosmos.

Klausnitzer, B. 2019: Wunderwelt der Käfer. 3. Auflage. – Springer-Verlag GmbH Deutschland. 248 Seiten.

Klausnitzer, B., Klausnitzer, U., Wachmann, E. & Hromádko, Z. 2018. Die Bockkäfer Mitteleuropas. 2 Bände. Neue Brehm Bücherei. VerlagsKG Wolf.

Klausnitzer, B., Klausnitzer, H. & Wachmann, E. 2022. Marienkäfer. Neue Brehm Bücherei. VerlagsKG Wolf.

Rohe, W. 2022. Die Borken- und Eichenkernholzkäfer in Deutschland, Österreich und der Schweiz. Quelle & Meyer.

Zweiflügler

Brookes, M. 2002. Drosophila – die Erfolgsgeschichte einer Fruchtfliege. Rowohlt.

Haupt, H. & H. 1998. Fliegen und Mücken. Beobachtung – Lebensweise. Naturbuch Verlag (nur noch antiquarisch erhältlich)

Wolff, D., Gebel, M. & Geller-Grimm, F. 2018. Die Raubfliegen Deutschlands. Entdecken – Beobachten – Bestimmen. Quelle & Meyer.

Schmetterlinge

Bellmann, H. 2022. Der neue Kosmos Schmetterlingsführer: Schmetterlinge, Raupen und Futterpflanzen. Kosmos.

Rohe, W., Schwarz, L., Ekarius, D. 2020. Der Eichenprozessionsspinner. Vorkommen – Gefahr – Bekämpfung. Quelle & Meyer.

Willner, W. 2021. Heimische Schmetterlinge in ihren Lebensräumen entdecken und erkennen. Quelle & Meyer.

Willner, W. 2016. Taschenlexikon der Schmetterlinge Europas. Alle Tagfalter im Porträt. Quelle & Meyer.

Willner, W. 2016. Taschenlexikon der Schmetterlinge Europas. Die häufigsten Nachtfalter im Porträt. Quelle & Meyer.

Hautflügler

Arndt, I. & Tautz, J. 2020. Honigbienen – Geheimnisvolle Waldbewohner. Knesebeck.

Dutli, R. 2012. Das Lied von Honig. Eine Kulturgeschichte der Biene. Wallstein.

Foitzik, S. & Fritsche, O. 2019. Weltmacht auf 6 Beinen. Das verborgene Leben der Ameisen. Rowohlt.

Frisch, K. 1957. Erinnerungen eines Biologen. Springer Verlag Berlin-Heidelberg (antiquarisch).

Gokcezade, J., Gereben-Krenn, B.-A. & Neumayer, J. 2018. Feldbestimmungsschlüssel für die Hummeln Deutschlands, Österreichs und der Schweiz. Quelle & Meyer.

Hölldobler, B. & Wilson, E.O. 2001. Ameisen: Die Entdeckung einer faszinierenden Welt. Piper.

Hölldobler, B. & Wilson, E. O. 2009. Der Superorganismus. Der Erfolg von Ameisen, Bienen, Wespen und Termiten. Springer Spektrum.

Lebas, C. 2019. Die Ameisen Europas. Haupt Verlag.

Menzel, R. & Eckoldt, M. 2019. Die Intelligenz der Bienen. Penguin Verlag.

Ohl, M. 2018. Stachel und Staat: Eine leidenschaftliche Naturgeschichte von Bienen, Wespen und Ameisen. Droehmer.

Scheuchl, E. & Willner, W. 2022. Wildbienen ganz nah. Die 100 häufigsten Arten schnell und sicher unterscheiden. Quelle & Meyer.

Scheuchl, E. & Willner, W. 2016. Taschenlexikon der Wildbienen Mitteleuropas. Alle Arten im Porträt. Quelle & Meyer.

Seeley, T.D. 2018. Bienendemokratie. Wie Bienen kollektiv entscheiden und was wir davon lernen können. Fischer Taschenbuch.

Tautz, J. & Steen, D. 2017. Die Honigfabrik: Die Wunderwelt der Biene – eine Betriebsbesichtigung. Gütersloher Verlagshaus.

Westrich, P. 2015. Wildbienen, die anderen Bienen. Verlag Eugen Ulmer (Neuauflage Sept. 2024)

Westrich, P. 2018. Die Wildbienen Deutschlands. Verlag Eugen Ulmer.

Empfohlene Websites

www.kerbtier.de

Sehr guter Überblick über die Käferfauna Deutschlands. Hier finden sich Photos aller Käferfamilien, mit Angaben der jeweiligen Artenzahlen, auch viele Arten sind photographisch erfasst. Hilfestellungen zum Bestimmen werden angeboten, sowie die Möglichkeit, eigene Fotos hochzuladen und Unterstützung bei der Bestimmung zu erhalten. Die Website liefert interessante Informationen zu einzelnen Käferarten, zur Käferfauna an bestimmten Pflanzen sowie zum Natur- und Artenschutz in Deutschland und führt Buchtitel zu speziellen Käfergruppen und zur Käferfauna ausgewählter Regionen auf.

www.wildbienen.info

Überblick über die Wildbienen-Arten Deutschlands. Ausführliche Informationen zu den einzelnen Arten, Fotos, Videos, Tipps zu Nisthilfen, Gartengestaltung, u.v.m. Der Autor der Website ist ein ausgewiesener Spezialist für die Systematik und Ökologie der Wildbienen.

www.dgaae.de

Homepage der Deutschen Gesellschaft für allgemeine und angewandte Entomologie (DGaaE), der größten insektenkundlichen (entomologischen) Gesellschaft Mitteleuropas; vielfältige Informationen zu aktuellen Forschungsthemen, z. B. DGaaE –Nachrichten (alle Hefte zum kostenlosen Download) oder zum „Insekt des Jahres“ sowie zu Arbeitskreisen, die sich mit bestimmten Insektengruppen befassen.

www.entomologie.de/vereine

Auflistung insekten- und spinnenkundlicher Vereinigungen im deutschsprachigen Raum

www.nabu.de

Homepage des Naturschutzbundes Deutschland. Informationen zur Biologie, Ökologie und zum Schutz von Insekten; Bestimmungshilfen; praktische Tipps zur Bepflanzung von Balkon und Garten, u.v.m.

www.buergerschaffenwissen.de

Citizen Science Plattform. Überblick über bürgerwissenschaftliche Projekte europaweit, zahlreiche davon mit dem Schwerpunkt Insekten. Es finden sich auch Angaben darüber, welche Projekte besonders für Kinder geeignet sind.

www.mueckenatlas.com

Erfassung der Mückenarten in Deutschland. Jede/r kann Mückenforscher:in werden!

Anhang

I. Übersicht über die Großgruppen (Ordnungen) der Insekten weltweit. Fettgedruckt sind diejenigen Gruppen, die in Deutschland vorkommen. Die Zahl in Klammer bezeichnet die Zahl der in diesem Buch porträtierten Arten.

- **Springschwänze (Collembola)**
- **Doppelschwänze (Diplura)**
- **Beintastler (Protura)**
- **Felsenspringer (Archaeognatha)**
- **Silberfischchen (Zygentoma)** (1)
- **Eintagsfliegen (Ephemeroptera)**
- **Libellen (Odonata)** (7)
- **Steinfliegen (Plecoptera)**
- **Ohrwürmer (Dermaptera)** (1)
- Bodenläuse (Zoraptera)
- **Heuschrecken, Geradflügler (Orthoptera)** (10)
- Tarsenspinner (Embioptera)
- Stabheuschrecken (Phasmatodea)
- Grillenschaben (Grylloblattodea)
- Fersenläufer, Gladiatorschrecken (Mantophasmatodea)
- **Gottesanbeterinnen (Mantodea)**
- **Schaben** und Termiten **(Blattodea)** (2)
- **Staubläuse (Psocoptera)**
- **Echte Läuse (Anoplura), Teil der Lauskerfe (Phthiraptera)** (1)
- **Fransenflügler (Thysanoptera)**
- **Schnabelkerfe (Hemiptera oder Rhynchota)** (18)
- **Netzflügler (Neuroptera)** (3)
- **Schlammfliegen (Megaloptera)**
- **Kamelhalsfliegen (Raphidioptera)**
- **Käfer (Coleoptera)** (22)
- **Fächerflügler (Strepsiptera)**
- **Hautflügler (Hymenoptera)** (14)
- **Schmetterlinge (Lepidoptera)** (16)
- **Köcherfliegen (Trichoptera)**
- **Schnabelfliegen (Mecoptera)** (1)
- **Zweiflügler (Diptera)** (14)
- **Flöhe (Siphonaptera)** (1)

II. Merkmalstrainer: Kleine Anleitung zum genauen Beobachten

Ist der Kopf

- eher rundlich oder nach vorne oder nach unten verlängert?
- ungefähr so breit wie der Brustabschnitt? Schmaler oder breiter?

Sind die Fühler

- kürzer oder länger als der Körper?
- borstenartig oder deutlich gegliedert?
- an der Spitze schmal oder keulig verdickt?
- fadenförmig oder gefiedert?

Sind die Komplexaugen

- eher auffällig und groß oder klein?
- deutlich voneinander getrennt oder stoßen sie in der Mitte zusammen?
- schwarz, rot oder auffällig gezeichnet?

Besitzt das Insekt

- Kiefer zum Kauen (wie z. B. Wespen oder Käfer)?
- einen Saugrüssel?

Falls ein Saugrüssel vorhanden ist:

- Wird er beim Nektarsaugen ausgerollt (Schmetterlinge) oder ausgeklappt (z. B. Wanzen, Zikaden, Blattläuse)?
- Ist er an der Spitze schlank (z. B. Stechmücken) oder stempelartig verbreitert (z. B. Stubenfliege)?

Trägt der Brustabschnitt Flügel?
Falls Flügel vorhanden sind:

- Sind es ein oder zwei Paar?
- Sind Vorder- und Hinterflügel ungefähr gleich oder verschieden groß?
- Sind die Hinterflügel reduziert?

Sind die Flügel

- häutig zart, oder verhornt, oder hart und panzerartig?
- transparent oder farbig?
- nach hinten spitz zulaufend oder gerundet?
- mit nur wenigen Adern oder netzartig geädert?
- auf der Oberfläche glatt oder rauh (behaart, beschuppt)?
- in Ruhestellung am Körper angelegt oder ausgebreitet?
- über dem Rücken flach oder dachförmig angelegt?
- kürzer oder länger als Spitze des Hinterleibs?

Sind die Beine

- kurz und kräftig oder lang und schlank?
- alle gleichartig, oder gibt es Unterschiede zwischen den vorderen, mittleren und hinteren Beinpaaren?

Ist der Hinterleib

- rundlich oder langestreckt?
- so groß wie der Brustabschnitt oder größer?
- deutlich vom Brustabschnitt getrennt oder mit breiter Basis ansetzend?
- an seinem Hinterende gerundet, abgestutzt oder spitz?

Trägt der Hinterleib

- einen erkennbaren Legebohrer?
- einen Stachel?

Trägt der Hinterleib paarige Anhänge? Falls ja,

- wie viele?
- wie sehen sie aus (lang oder kurz? deutlich gegliedert oder ungegliedert? schmal oder zangenförmig?)?

III-a. Index der deutschen Insektennamen

III-b. Index der wissenschaftlichen Insektennamen

IV. Bildnachweis

Adobe.Stock.com: eleonimages (S. 25), Federico (S. 35 u.), l1911 (S. 47 o., 83), Stefan Süßkow (S. 53 l. u.), irottlaender (S. 55 u.), imageBROKER (S. 76 o.), erni (S. 76 u.), Marek R. Swadzba (S. 78, 80 o.), Stefan (S. 79), MF Photo (S. 81), Jürgen Kottmann (S. 88, S. 145 u. l.), Tomasz (S. 92 o., 94, 128 o.), wiw (S. 93), Karin Jähne (S. 99), Michael (S. 105 u.), v_blinov (S. 111), Sandra Standbridge (S. 126), Vlasto Opatovsky (S. 146), saccobent (S. 158), Chase D'Animulls (S. 163), ireneuszwaledzik (S. 165), Valter (S. 167), Henk (S. 171), Luc Pouliot (S. 172), bennytrapp (S. 173 o.), Harlekin-Graphics (S. 176), Ruckszio (S. 177 o. l.), Ivonne Berz (S. 177 u. l.), opsalke (S. 177 u. r.), U. J. Alexander (S. 178) ,unbekannt (S. 113 o. l.)

Baas, H. via saxifraga.nl: S. 80 r. u.

Deckert, Jürgen: S. 12 u.

Felke, Martin (www.schaedlingskunde.de): S. 90, 91, 100 o., 110 r. o.; 127 rechts unten, 128, 161

Fischer et. al. (Die Heuschrecken Deutschlands und Nordtirols): S. 40–44, 46–49

Gathany, James D. (Public Health Image Library): S. 160

Hamrsky, Jan (www.lifeinfreshwater.net): S. 159

Hoch, Hannelore: S. 17 r., S. 92 u., 127 o. und u. l.

Kunz, Gernot (www.gernot.kunzweb.net): Titel, S. 35 o., 61 o., 75, 86, 89, 97, 101, 116, 117 o., 164, 168

Naturfoto Frank Hecker (www.naturfoto-hecker.com): S. 51, 105 o., 155 l., 169, 170

pixabay.com: kie-ker (S. 109 o.)

Scheuchl, Erwin: S. 118

Steinwendner, Norbert (www.raaderwald.at): S. 173

Tauchert, Peter (www.aktion-wespenschutz.de): S. 113 o. r.

Trepte, Andreas (www.avi-fauna.info): S. 122

Wachmann, Ekkehard: S. 12 o., 13, 17 u. l., 18, 19, 22, 45, 53 o., u. r., 54–58, 63, 64–72, 74, 82, 94, 95, 98, 103, 108, 144.

Wikimedia Commons, Creative Commons license: Dimitar Boevski (S. 37), Michael Knapp (S. 38), Holger Krisp (S. 84), Francisco Welter-Schultes (S. 95), ©entomart (S. 85, 96, 162), SB_Johnny (S. 100 u.), Ermell (S. 102), Thiotrix (S. 106), Frank Vincentz (S. 107 o.), Björn Appel (S. 107 u.), Holger Gröschl (S. 112, 157), Alvesgaspar (S. 113 u.), Flugwapsch62 (S. 114, 115 l.), Waugsberg (S. 123), Matjaž Wigele (S. 115 r.), Franz van Duns (S. 129 u.). Rolf Dietrich Brecher from Germany (S. 140, S. 141 u.), Gilles San Martin (S. 143 u.), Ivar Leidus (S. 145 u. r.), Didier Descouens (S. 147), Harald Süpfle (S. 149 o.), Olei (S. 151), Katja ZSM (S. 175)

Willner, Wolfgang: S. 117, 119, 120, 121, 124, 129 o., 130, 131, 132, 133, 134, 135, 136, 137, 138, 139, 142, 143 o., 148, 149 u., 150, 152, 153, 155 r.

Wolff et. al. (Die Raubfliegen Deutschlands): S.166

Wyss, Urs (www.entofilm.com): S. 12 m., 60

Zeichnungen: Hoch, Hannelore (S. 16), Brohmer – Fauna von Deutschland (Hrsg.: Matthias Schaefer) (S. 15), alle weiteren Insektenzeichnungen: Marlies Stöckmann

Wildermuth/Martens (Die Libellen Europas): S. 27–33

V. Tonquellennachweis

Die Lautaufnahmen stammen aus dem Tierstimmenarchiv des Museums für Naturkunde Berlin (www.tierstimmenarchiv.de).

VI. Zitatnachweis

Zitate S. 12 – Zitiert nach www.aphorismen.de

Zitat S. 20 – Zitiert nach www.sprichworte-der-welt.de

Zitat S. 176 – Zitiert nach www.zitate.eu

VII. Dank

Für die vielfältige Unterstützung beim Verfassen dieses Buches bedanke ich mich bei allen Freunden und Kollegen sehr herzlich. Ihr Rat, ihre Kritik, die zahlreichen Hinweise und ihre Expertise haben maßgeblich dazu beigetragen, die Informationen zusammenzutragen und Fehler weitestgehend zu eliminieren. Insbesondere danke ich Jürgen Gross, Julius-Kuehn-Institut, Dossenheim, Thomas Schmitt und Bernhard Klausnitzer, beide Senckenberg Deutsches Entomologisches Institut, Müncheberg sowie Paul Westrich, Mössingen, für wertvolle Vorschläge, Ergänzungen und Korrekturen. Jürgen Gross danke ich außerdem für das Vorwort.

Ebenfalls zu großem Dank verpflichtet bin ich Karl-Heinz Frommolt, Museum für Naturkunde Berlin, der freundlicherweise die Lautaufnahmen aus dem Tierstimmenarchiv des Museums zur Verfügung stellte, Marlies Stöckmann, Universität Oldenburg, für die Zeichnungen der Insekten, die jeweils die Vorstellung der Großgruppen einleiten, sowie Peter Tauchert, der mir wertvolle Einblicke in die vielfältigen Aspekte seiner Arbeit zum Schutz der heimischen Faltenwespen gewährte.

Für die in großzügiger und unkomplizierter Weise zur Verfügung gestellten Fotos danke ich zahlreichen Personen (siehe auch Bildnachweis), insbesondere Martin Felke, Institut für Schädlingskunde, Reinheim, Gernot Kunz, Graz, Norbert Steinwendner, St. Valentin, Peter Tauchert, Offenbach, Andreas Trepte, Marburg, und Urs Wyss, Universität Kiel.

Beim Quelle & Meyer Verlag, allen voran bei Gerhard Stahl, bedanke ich mich für die Anregung zu diesem Buch. Er und sein großartiges Team – Katharina Johann, Fabian Kaschinski und Denis Busch – haben das Projekt mit ihren Ideen bereichert, mir wertvolle Tipps gegeben und durch ihre Fachkompetenz dafür gesorgt, dass aus der Idee das vorliegende Buch entstehen konnte.

Last but not least ein großes Dankeschön an Manfred Asche, meinen Partner im Leben und in der Entomologie, für seinen Rat, seine konstruktive Kritik und für seine Nachsicht während der Schreibphase. Unsere felide Hausgenossin Chará sorgte mit Gleichmut und Zärtlichkeit für eine angenehme Arbeitsatmosphäre.

VIII. Die Autorin

Prof. Dr. Hannelore Hoch studierte in Marburg Biologie, Geologie und Paläontologie und habilitierte sich an der Universität Hamburg. Ihre Forschungsinteressen sind die Taxonomie, Systematik und Evolutionsbiologie von Insekten. Von 1994 bis 2021 lehrte und forschte sie am Museum für Naturkunde und der Humboldt-Universität zu Berlin. Im Rahmen ihrer Untersuchungen über die Evolution und das Verhalten von Höhlenzikaden verbrachte sie längere Zeit am Bishop Museum und der Universität von Hawaii in Manoa, Honolulu, auf den Kanarischen Inseln und in Australien.